환경은 걱정되지만
뭘 해야 할지 모르는 사람들을 위한
과학과 기술

환경은 걱정되지만
뭘 해야 할지 모르는 사람들을 위한
과학과 기술

한치환 지음

지구의 미래를 구할 그린수소와
친환경 자동차

플루토

최근 전기자동차의 발전 속도가 놀랍습니다. 충전 시간이 단축되고, 한 번 충전으로 달릴 수 있는 거리는 대폭 향상되고 있으며, 민첩성의 지표가 되는 0~100km/h(제로백, 정지 상태에서 시속 100킬로미터에 도달하는 데 걸리는 시간)가 매우 짧아지고 있습니다. 기아자동차에서 출시한 고성능 전기자동차 EV6 GT의 제로백이 3.5초로 알려져 있는데, 이러한 민첩성을 가진 엔진자동차는 매우 비싼 슈퍼 카가 대부분입니다.

　　배터리(전지)나 전기전자 같은 관련 기술들의 발전 추세를 고려하면 전기자동차의 발전 속도는 점점 더 가속화할 것으로 예상하고 있습니다. 따라서 더 이상 정부의 보조금 없이도 가격과 성능 측면에서 엔진자동차보다 낫기 때문에 많은 사람이 조만간 친환경 자동차를 선택하는 시기가 도래할 것입니다.

최근 기후변화에 따른 홍수, 가뭄, 산불 등과 같은 자연재해가 매년 발생하면서 환경에 관심을 가지는 사람들이 늘고 있습니다. 플라스틱 사용을 줄이기 위해 텀블러를 가지고 다니고, 재활용이 가능한 쓰레기를 잘 분리수거할 수 있도록 노력하는 사람들이 늘고 있죠. 그런데 이보다 더 근본적으로 기후변화를 해결하기 위해서는 친환경 에너지로의 전환이 필요하다고 생각합니다. 친환경 자동차인 전기자동차나 수소자동차를 타고 재생에너지의 생산 비중을 늘리는 것이죠.

어쩌면 우리가 기후변화를 막기 위해 플라스틱 사용을 줄이기 위해 노력하는 것보다 중요한 것은 좀 더 열심히 친환경 기술을 파악하고, 좀 더 열린 마음으로 신기술과 신제품을 받아들이며, 약간의 불편함을 감수하는 자세가 아닐까 생각합니다.

《환경은 걱정되지만 뭘 해야 할지 모르는 사람들을 위한 과학과 기술》 1부에서는 친환경 자동차 산업에 대해 다루었습니다. 먼저 전기자동차와 엔진자동차가 개발 초기에 어떻게 경쟁했으며, 최근에 전기자동차가 다시 급부상한 이유에 대해서도 살펴봅니다. 또한 친환경 자동차가 어떤 과정을 거쳐 개발되었는지 과학적 원리의 발견에 공헌하거나 개발을 주도한 과학자들의 이야기를 통해 다룹니다. 이를 위해 전기의 발명과 배터리 개발의 역사에 대해서도 훑어보았습니다.

친환경 자동차는 연소반응보다 효율이 좋은 전기화학반응을 이용합니다. 따라서 배출가스가 없고 에너지 사용은 줄일 수 있습니다. 사람이 체질을 개선하기 위해 음식을 가려 먹고 운동을 열심히 하듯, 배출가스가 없고 효율이 높은 에너지를 선택해 적절하게 잘 사용해야 기후변화를 막을 수 있다고 생각합니다. 친환경 자동차 산업의 발달은 최종적으로 탄소중립을 실현할 재생에너지의 발달을 촉진시킬 것입니다. 앞으로 재생에너지를 이용해서 생산하는 그린수소는 에너지 대전환 시대에 가장 중요한 에너지원이 될 수 있고, 많은 기업과 연구소에서 이를 위한 연구개발을 진행하고 있죠.

《환경은 걱정되지만 뭘 해야 할지 모르는 사람들을 위한 과학과 기술》2부에서는 대표적 재생에너지인 수소와 수소연료전지를 이용한 수소자동차, 수소자동차인 넥쏘 사용기를 실었습니다. 또한 친환경 자동차 산업을 이끌어줄 태양광, 풍력 등 재생에너지를 이용한 발전 산업의 현황과 미래에 대해서도 다루었습니다. 이를 통해 친환경 자동차와 친환경 에너지가 어떤 상관관계를 가지며, 어떻게 우리의 삶을 변화시킬지를 이해할 수 있을 것입니다.

《환경은 걱정되지만 뭘 해야 할지 모르는 사람들을 위한 과학과 기술》이 독자들에게 환경 문제의 구체적 해결 방법을 제시하는 데 도움이 되기를 바랍니다. 물론 친환경 자동차와 친환경 에너지는 국가와 기업의 역할이 중요한 거대 정책입니다. 하지만 일반 사람들의 인식도 함께 변화해야 합니다. 친환경 자동차를 타고 재생에너지를 소비하게 될 다수는 결국 우리이기 때문입니다. 이를 해결해야만 인류는 기후 위기를 극복하고 지금보다 깨끗하고 안전한 환경에서 살 수 있을 테니까요.

친환경 에너지의
시대가 온다

  우리는 지금 에너지 대전환의 시기에 있습니다. 지금까지 사용해
온 화석에너지가 막대한 기후변화를 일으키고 있기 때문입니다. 이제
는 좋든 싫든 친환경 에너지를 사용할 수밖에 없습니다.

  처음 석탄을 사용하기 시작한 산업혁명 시기를 거쳐 현재는 주 에
너지원으로 석유를 사용하고 있습니다. 경제의 모든 바탕이 석유에서
부터 시작된다는 의미로 현재를 '석유 경제 시대'라고도 부릅니다. 하
지만 더 이상 석탄과 석유를 마음껏 사용하면 안 되는 시기가 왔습니
다. 여러분도 잘 알듯이 석탄과 석유를 사용하면 이산화탄소가 발생하
고, 이산화탄소가 지구의 대기권에 쌓여 온실효과를 일으킵니다. 이에
따라 지구 온도가 지속적으로 상승해 여러 가지 심각한 문제를 일으키

고 있습니다.

토머스 쿤은 과학이 어떠한 과정을 거쳐 발전하는지 연구한 미국의 과학철학자입니다. 쿤은 《과학혁명의 구조》에서 과학혁명이 일어나기 전과 일어난 후에 과학자들의 인식체계에 큰 변화가 생겼다는 것을 밝혀냈습니다. 특정 시기에 전체 과학자 집단에서 공식적으로 인정한 모범적 틀(패러다임)이 있는데, 이 패러다임이 설명하지 못하는 갖가지 문제점이 발생하면 이를 해결하기 위해서 완전히 새로운 패러다임이 나타난다는 겁니다.

대표적인 예가 천동설과 지동설입니다. 중세 시대만 해도 많은 과학자가 태양이 지구를 중심으로 돈다고 생각했습니다. 그런데 화성이 진행 방향으로 움직이지 않고 일시적으로 거꾸로 움직이는 현상을 천동설이 설명하지 못하자 지동설이 새로운 패러다임으로 자리 잡게 됩니다. 말하자면 패러다임 시프트가 일어난 거죠.

뉴턴역학과 양자역학도 마찬가지입니다. 뉴턴역학 시절의 패러다임은 시간과 공간은 절대적이며, 물질은 변하지 않고 보존된다는 것이었습니다. 그런데 과학자들이 빛을 연구하기 시작하면서 빛이 물질과 파동의 성질을 동시에 가지고 있고, 연속적이지도 않으며, 시간과 공간은 절대적이지 않고 물질도 끊임없이 변화하는 등 기존의 패러다임과 맞지 않는 부분들이 나타났습니다. 이를 해결하기 위해 새로운 패러다임인 양자역학이 등장합니다.

현재 인류가 사용하고 있는 에너지에도 같은 개념을 적용할 수 있습니다. 지금까지는 석탄과 석유를 사용하는 것이 일반적인 패러다임이었지만, 기후변화와 환경오염을 일으키자 이를 해결하기 위해 새로운 패러다임이 필요해졌습니다. 즉 에너지 패러다임 시프트energy paradigm shift가 필요한 시점입니다. 에너지 패러다임 시프트는 에너지 전환을 의미합니다. 그렇다면 현재 우리는 어떤 에너지를 얼마나 사용하고 있을까요?

최종에너지 에너지원별 소비(단위: 1,000toe, %)

구분	2015		2016		2017		2018		2019	
	소비량	비율	소비량	비율	소비량	비율	소비량	비율	소비량	비율
합계	215,389	100	221,936	100	230,594	100	233,368	100	231,353	100
석탄	34,849	16.2	32,342	14.6	33,360	14.5	32,480	13.9	32,059	13.9
석유	106,854	49.6	114,264	51.5	117,861	51.1	116,831	50.1	116,125	50.2
LNG	851	0.4	1,044	0.5	1,370	0.6	2,038	0.9	2,909	1.3
도시가스	21,678	10.1	22,186	10.0	23,258	10.1	24,979	10.7	23,943	10.3
전력	41,594	19.3	42,745	19.3	43,666	18.9	45,249	19.4	44,763	19.3
열에너지	1,967	0.9	2,183	1.0	2,441	1.1	2,682	1.1	2,647	1.1
신재생 및 기타	7,595	3.5	7,173	3.2	8,638	3.7	9,110	3.9	8,910	3.9

출처: 2020 《에너지통계연보》, 에너지경제연구원

에너지경제연구원(www.keei.re.kr)에서는 매년 《에너지통계연보》를 발행합니다. 2020년 《에너지통계연보》를 보면 2019년까지 우리나라에서 어떤 에너지를 얼마나 사용했는지 알 수 있습니다.

보통 에너지는 에너지원마다 단위가 다릅니다. 석탄은 톤ton, 석유는 배럴bbl, 액화천연가스는 톤ton, 도시가스는 세제곱미터m³, 전력은 와트시Wh 등의 단위를 사용하죠. 각각 다른 단위를 사용하는 에너지를 비교할 수 있도록 환산하는 단위가 Ton of Oil Equivalent(toe)입니다. 우리말로 하면 석유환산톤이고, 10^7킬로칼로리kcal입니다. 2019년 우리나라는 전체 에너지 소비의 50.2퍼센트를 석유로 충당했습니다. 석탄 소비 비율도 13.9퍼센트입니다. 화석에너지에 해당하는 석유, 석탄, 액화천연가스LNG, 도시가스를 합치면 무려 75.7퍼센트입니다. 19.3퍼센트에 해당하는 전력도 66.6퍼센트가 화석에너지로부터 생산되는 점을 고려하면 에너지 대부분을 여전히 화석에너지로부터 얻고 있습니다.

《에너지통계연보》에서는 연간 에너지밸런스 플로우도 제공합니다. 에너지밸런스energy balance는 우리나라에서 1년간 공급, 소비되는 모든 에너지를 나타낸 하나의 표입니다. 우리나라가 어떤 에너지를 얼마나 수입했고, 어떤 에너지로 바꾸어 어떻게 사용했는지 쉽고 자세하게 알 수 있습니다. 2019년 연간 에너지밸런스 플로우를 보면, 우리나라는 1,267억 달러에 해당하는 엄청난 양의 에너지를 수입했습니다. 수입액의 대부분은 원유가 차지했고요. 국내에서 생산한 에너지는 수력 및 신재생에너지로 생산한 6.5퍼센트밖에 되지 않습니다. 더불어 수출 국가

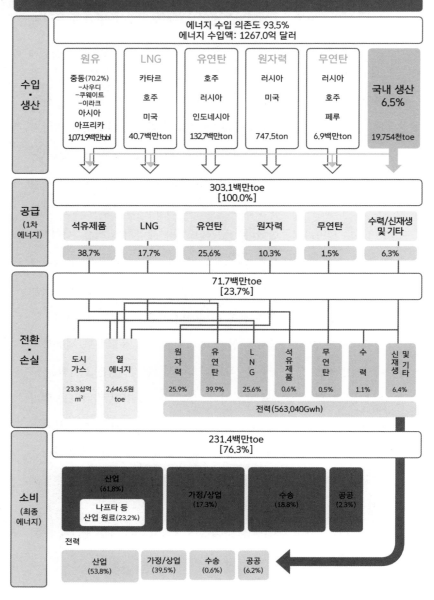

2019년 연간 에너지밸런스 플로우

수입·생산

에너지 수입 의존도 93.5%
에너지 수입액: 1267.0억 달러

원유	LNG	유연탄	원자력	무연탄	
중동(70.2%) -사우디 -쿠웨이트 -이라크 아시아 아프리카 1,071.9백만bbl	카타르 호주 미국 40.7백만ton	호주 러시아 인도네시아 132.7백만ton	러시아 미국 747.5ton	러시아 호주 페루 6.9백만ton	국내 생산 6.5% 19,754천toe

공급 (1차 에너지)

303.1백만toe
[100.0%]

석유제품	LNG	유연탄	원자력	무연탄	수력/신재생 및 기타
38.7%	17.7%	25.6%	10.3%	1.5%	6.3%

전환·손실

71.7백만toe
[23.7%]

도시가스	열에너지	원자력	유연탄	LNG	석유제품	무연탄	수력	신재생 및 기타
23.3십억 m²	2,646.5원 toe	25.9%	39.9%	25.6%	0.6%	0.5%	1.1%	6.4%

전력(563,040Gwh)

소비 (최종 에너지)

231.4백만toe
[76.3%]

산업 (61.8%) 나프타 등 산업 원료(23.2%)	가정/상업 (17.3%)	수송 (18.8%)	공공 (2.3%)

전력

산업 (53.8%)	가정/상업 (39.5%)	수송 (0.6%)	공공 (6.2%)

답게 산업에서 가장 많은 에너지를 사용하고 있습니다. 산업을 제외하면 수송 분야에서 18.8퍼센트로 가장 많은 에너지를 사용하고 있죠.

에너지 소비에서 두 번째로 큰 부분을 차지하는 수송 분야는 사람과 화물을 실어 나르는 이동에 필요한 에너지를 말합니다. 자동차, 기차, 비행기, 선박 등이 사용하는 에너지가 여기에 속합니다. 현재 대부분의 자동차, 기차, 비행기, 선박은 엔진을 이용합니다.

엔진은 휘발유나 경유를 엔진 내부의 실린더에서 연소시켜 연료와 산소를 급격히 반응시키고, 이로 인해 기체가 팽창하는 힘을 피스톤에 전달해서 움직이는 힘을 얻습니다. 그래서 내부에서 불을 붙여 연소시킨다는 의미로 엔진을 '내연기관'이라고 부릅니다. 휘발유를 연료로 사용하는 엔진은 1876년에 독일 기술자 니콜라우스 어거스트 오토가 개발했습니다. 그 후 칼 벤츠가 세계 최초의 내연기관 자동차를 개발하면서 현대의 자동차 시대가 열립니다.

1890년대에 독일 기술자 루돌프 디젤이 디젤엔진을 개발하면서 휘발유엔진과 디젤엔진의 경쟁이 시작됩니다. 휘발유엔진은 연료와 공기를 실린더 내에 주입하면 실린더 내부의 점화기가 불꽃을 일으켜 연소시키는 방식입니다. 이에 반해 디젤엔진은 더 높은 온도에서 더 높은 열량을 가진 연료에 공기를 주입함으로써 점화기로 불꽃을 일으키지 않아도 연소한다는 장점이 있습니다. 한 번에 낼 수 있는 힘도 디젤엔진이 휘발유엔진보다 크고 효율도 더 좋죠. 그래서 큰 힘이 필요한 중장비나 화물차는 거의 디젤엔진을 사용합니다.

안타깝게도 디젤의 삶은 오토나 벤츠와는 달랐습니다. 오토는 그가 개발한 엔진으로 수많은 상을 받았고 벤츠는 현재까지도 승승장구하는 자동차 회사를 창업했지만, 디젤은 독일에서 런던에 있는 엔진 제조회사로 가는 길에 배에서 죽습니다. 시체는 네덜란드 어선의 선원들이 노르웨이 해안가에서 발견했죠. 여러 설이 있지만 아직까지 죽음의 원인도 정확히 밝혀지지 않았습니다.

기본 작동 원리가 같은 휘발유엔진과 디젤엔진은 현재도 쓰이고 있습니다. 항공기에는 등유를 사용하는 제트엔진이 사용되고 있지만, 역시 연료를 연소시켜 분사하는 방식이므로 기본 원리는 휘발유엔진이나 디젤엔진과 다르지 않습니다. 결국 현대 수송 수단을 움직이는 기관은 거의 엔진이라고 해도 과언이 아닙니다.

그런데 엔진이 연료를 연소하고 나서 배출하는 여러 가지 물질이 문제를 일으킵니다. 보통 엔진에서 연소반응 후 배출되는 물질은 이산화탄소, 탄화수소, 황산화물, 질소산화물입니다. 이 중 이산화탄소는 공기 중에 배출되어 온실효과를 일으키는 기후변화의 원인 물질입니다. 나머지 물질은 주로 미세먼지를 만들어 환경오염을 일으키죠. 보통 연료가 불에 타면 빛과 열이 발생합니다. 내연기관도 엔진 내부에서 빛과 열이 발생합니다. 하지만 이 빛과 열은 엔진의 동력으로 이용되는 게 아니라 엔진 온도를 올리는 효과만 일으킵니다. 그래서 엔진이 과열되지 않도록 냉각기가 작동합니다.

기체가 팽창해 만들어낸 힘만 사용하기 때문에 엔진의 효율도 높지 않습니다. 기껏해야 35퍼센트 정도로 나머지는 모두 열로 방출합니다. 도시에서는 한꺼번에 많은 자동차가 도로에 나오면서 길이 막히는 일이 자주 생기고, 서 있는 시간이 늘어나죠. 가뜩이나 엔진의 효율이 좋지 않은데 서 있는 시간이 길어지면 효율은 더욱 나빠집니다. 엔진은 자동차가 서 있는 시간에도 계속 돌아가기 때문입니다. 그나마 최근 생산되는 자동차는 멈추면 엔진도 멈추었다가 달리면 다시 작동하는 기능을 가지고 있습니다. 하지만 가다 서다를 반복하는 도심의 막히는 도로에서는 그다지 유용하지 않습니다.

이렇게 많은 차가 한꺼번에 엔진을 작동시켜 열을 방출하면 도시에는 열이 도시에 갇혀 빠져나가지 못하는 열섬효과가 발생합니다. 도시 지역의 온도가 다른 지역의 온도보다 높아지는 거죠. 그러면 사람들이 더우니까 에어컨을 켭니다. 에어컨을 켜면 에너지를 추가로 사용해야 하고, 에어컨에서 발생하는 열 때문에 열섬효과는 더욱 가중됩니다. 그야말로 악순환입니다. 현재 전 세계 대도시에서 일어나는 일입니다.

그럼 해결책은 없을까요? 바로 전기자동차가 대안이 될 수 있습니다. 전기자동차는 엔진 대신 전기모터와 배터리로 작동하기 때문에 배출가스도 없습니다. 배출가스가 없으니 온실가스가 나오지도 않고, 미세먼지를 만들지도 않습니다. 더욱이 자동차가 달릴 때만 에너지를 사용하고 서 있을 때는 에너지를 사용하지 않습니다. 열로 방출되는 에너지가 거의 없어 효율도 좋습니다. 도심의 자동차를 전기자동차로 바꾸면 열섬효과를 줄일 수 있습니다.

수소자동차도 일종의 전기자동차입니다. 전기자동차와 마찬가지로 내부에 배터리를 장착하고 있고 모터로 작동하니까요. 다만 배터리를 충전하는 연료전지와 연료전지의 연료가 되는 수소가 필요합니다. 수소를 태우는 것이 아니라 연료전지에 넣어 전기화학반응을 이용해 전기를 생산합니다. 생산한 전기는 내부의 배터리를 충전하는 데 사용하죠.

이렇게 편리하고 효율적인 전기는 누가 언제, 어떻게 만들었을까요? 인류가 생긴 이래 불은 인간을 가장 인간답게 만든 도구였습니다. 불이 있었기에 음식을 익혀 먹고, 밤에 추위를 덜 수 있었습니다. 그만큼 인류에게 소중하고 편리한 최초의 에너지원이었습니다. 불이 유일한 에너지원이었던 시기를 한참 지난 1800년, 이탈리아 물리학자 알레산드로 볼타가 세계 최초로 볼타전지를 만들어 불보다 쓰기 편한 전기라는 에너지를 얻습니다. 전기는 전자의 흐름을 이용해서 에너지를 얻기 때문에 불처럼 계속해서 반응을 일으키지 않아도 됩니다. 스위치만 연결하면 껐다 켰다를 반복할 수 있죠. 불을 붙이면 발생하는 연기도 없습니다.

물론 장점만 있는 것은 아닙니다. 전기를 처음 만들었던 당시에는 전기를 얻기가 쉽지 않았습니다. 전기를 발생시킨다고 해도 저장하거나 멀리 전송하기도 어려웠고요. 전기를 저장하는 것은 지금도 꽤 어려운 일입니다. 그럼에도 기후변화라는 큰 위기에 직면한 만큼 우리는 화석에너지의 사용을 자제하고, 되도록 모든 에너지를 전기에너지로 바꾸어야 합니다.

전기에너지는 만들고 사용하는 방식에 따라 이산화탄소와 미세먼지를 배출하지 않을 수 있습니다. 그 중심에 전기자동차와 수소자동차 같은 친환경 자동차가 있습니다. 이제 자동차는 세상을 움직이는 기본 수단이 되었을 뿐만 아니라 자동차가 없는 삶은 상상할 수조차 없습니다. 친환경 자동차 산업이 최근 새로운 유망 산업으로 급부상하는 이유이기도 합니다.

환경에 대한 관심이 높아지면서 얼마 전, 텔레비전에서 연예인들이 한 섬에서 탄소 제로 생활에 도전하는 예능 프로그램을 방영했습니다. 출연자들은 텃밭에서 따온 채소와 식물성 대체육으로만 식사를 하고, 플라스틱 생수병 대신 종이 팩 생수를 만들어서 마십니다. 생활하는 내내 섬 주변의 쓰레기를 줍고요. 취지와 환경을 생각하면 좋지만 일상생활을 하면서 이렇게 살기는 쉽지 않습니다. 우리가 평범한 일상생활을 하면서 차근차근 친환경으로 전환해야 한다는 점이 중요합니다.

친환경이라고 해서 꼭 불편하지는 않습니다. 좋은 시스템을 만들면 환경을 해치지 않으면서 편하게 살 수 있죠. 인류는 늘 편안함을 추구해왔습니다. 기후위기라고 해서 갑자기 불편하게 사는 삶으로 돌아갈 수는 없습니다. 이제 우리가 만들어온 기술과 산업이 해결해야 합니다. 지금부터 그 해결 방법을 여러분과 함께 고민해보고자 합니다.

1부

배터리로 달리는
전기자동차

요즘 도로에서는 꽤 자주 전기자동차를 볼 수 있습니다. 그런데 자동차가 처음 만들어지던 시절에도 전기자동차가 이미 등장해 엔진자동차와 경쟁했었다는 사실을 알고 있나요? 초기에는 오히려 전기자동차의 성능이 엔진자동차보다 좋았습니다. 최초로 시속 100킬로미터를 달성한 자동차도 전기자동차였죠. 성능이 더 좋은데도 불구하고 왜 전기자동차는 엔진자동차와의 경쟁에서 밀려 사라졌을까요? 그리고 왜 2000년대에 다시 엔진자동차와 경쟁하기 시작했을까요?

1900년대 초반 전기자동차가 사라지고 엔진자동차는 발전을 거듭했습니다. 그 결과 시속 400킬로미터보다 빠르게 달리는 엔진자동차가 개발되었죠. 운전을 시작해 시속 100킬로미터까지 도달하는 데 겨우 2.5초밖에 걸리지 않습니다. 이렇게 엄청난 성능을 자랑하는 차를 슈퍼 카 혹은 하이퍼 카라고 합니다.

그런데 대표적인 전기자동차 제조기업 테슬라에서 선보인 2020년형 로드스터는 시속 400킬로미터 이상 달릴 수 있고, 시속 100킬로미터까지 도달하는 데 2.1초밖에 걸리지 않습니다. 더욱이 슈퍼 카에 비하면 가격도 훨씬 싸죠. 다시 시작된 엔진자동차와 전기자동차의 달리기 성능 경쟁에서 전기자동차가 앞서고 있습니다. 뿐만 아니라 전기자동차는 자율주행 기능도 엔진자동차보다 좋습니다. 테슬라에서 보급형으로 만든 모델 3는 고속도로는 물론 일반도로에서도 자율주행이 가능합니다. 깜빡이를 켜면 자동으로 차선을 바꾸고, 고속도로에서는 앞차가 속도를 내지 않으면 추월도 합니다. 자동차 스스로 말이죠. 이런 기술이 가능한 것은 자동차 자체의 기술보다 배터리, 센서, 컴퓨터 등 관련 기술이 발달한 덕분입니다. 다시 말해 전기자동차는 전기·전자·통신 산업의 산물입니다. 연소반응과 기계가 중심인 엔진자동차와는 조금 다른 산업이죠.

이러한 추세는 더욱 가속화될 겁니다. 빠르게 발전한 전기·전자·통신 산업이 전기자동차에 적용되고, 이에 따라 지금은 조금 더딘 자동차 산업의 발전 속도도 변화하겠죠. 게다가 전기자동차는 정부의 각종 환경 규제로부터도 자유롭습니다. 전기자동차는 매연을 내뿜지도 않고, 이산화탄소를 배출하지도 않으니까요. 엔진자동차는 현재 환경 문제 때문에 정책상 제약이 많지만, 전기자동차는 오히려 여러 가지 혜택을 받고 있습니다.

전기자동차는 앞으로 미래 친환경 에너지로 각광받는 재생에너지를 이용할 수도 있습니다. 그래서 많은 사람이 미래에는 전기자동차가 엔진자동차보다 많아질 것으로 예측합니다.

이처럼 여러 가지 면에서 장점을 가진 전기자동차는 누가 만들었고, 어떤 과정을 거쳐 발전했을까요? 전기자동차에 대해 이야기하려면 먼저 전기자동차의 핵심인 배터리의 발명과 발전 과정부터 살펴보아야 합니다.

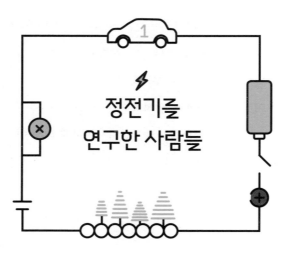

정전기를
연구한 사람들

누구나 살면서 한 번쯤은 정전기를 경험합니다. 어떤 물체를 만졌을 때 '딱' 하는 소리와 함께 찌릿한 느낌을 주어 깜짝 놀라게 하는 정전기. 정전기도 전기의 일종입니다. 아주 오래전부터 사람들은 양모로 만든 천으로 호박(소나무의 송진이 굳어져 생긴 보석)을 문지르면 정전기가 생겨 가벼운 물체를 끌어당길 수 있다는 사실을 알고 있었습니다. 그런데 왜 천으로 호박을 문지르면 정전기가 생길까요?

정전기가 발생하는 원리를 이해하기 위해서는 물질을 이해해야 합니다. 세상에 존재하는 물질은 원자가 모여 만들어집니다. 원자는 원자핵과 전자로 이뤄져 있고 원자핵은 + 전하를, 전자는 − 전하를 띱니다. 자석의 N극과 S극이 서로 당기듯이 + 전하와 − 전하도 서로 당기는 힘이 있기 때문에 원자핵과 전자도 평상시에는 붙어 있습니다. 그런데 물질마다 원자핵과 전자가 서로 당기는 힘이 다릅니다. 어떤 물질은 세게 당기고, 어떤 물질은 약하게 당기죠.

호박과 양모로 만든 천을 예로 들면, 호박은 원자핵과 전자가 당기는 힘이 셉니다. 양모로 만든 천은 서로 당기는 힘이 약하고요. 그래서 양모로 만든 천으로 호박을 문지르면 양모로 만든 천에 있던 전자가 전자를 더 세게 당기는 호박 쪽으로 이동합니다. 그렇게 되면 전자가 많이 모인 호박은 − 전하를 띠고, 전자를 잃어버린 양모로 만든 천은 + 전하를 띠게 되죠. 이렇게 전자가 이동해서 물질에 전하 불균형이 일어난 상태가 정전기가 형성된 상태입니다. 이때 공기 중에 + 전하를 띠고 있는 먼지가 있으면 호박에 달라붙습니다. 우리가 코로나바이러스 때문에 매일 쓰는 마스크도 이런 원리를 이용해서 공기 속 먼지와 바이러스를 잡아 우리 몸을 보호합니다.

예전 사람들은 정전기에 대해서 잘 몰랐기 때문에 이를 이해하기 위해서 많은 실험을 했습니다. 그중에는 미국의 건국에 기여한 것으로도 유명한 정치인이자 과학자인 벤자민 프랭클린도 있습니다. 미국의 100달러 지폐에 새겨져 있는 인물입니다. 프랭클린은 번개가 정전기의 일종이라 생각하고, 연을 띄워 번개에서 나오는 전기를 유리병에 저장하려고 시도했습니다. 사실 이 방법은 매우 위험합니다. 번개가 칠 때 매우 고압의 전기가 순식간에 흐르기 때문에 전기의 흐름을 버티는 물질이 거의 없고, 대부분 불이 나거나 부서지니까요. 실제로 유사한 실험을 하던 독일의 한 과학자는 번개에 맞아 사망했습니다. 프랭클린도 결국 성공하지는 못했지만 이 실험도 의미가 있습니다. 전기를 유리병에 저장하려는 시도는 실패했지만, 그 과정에서 번개의 전기를 땅속으로 흘려보낼 수 있는 피뢰침을 발명했으니까요. 피뢰침을 건물에 세우면서부터 번개가 쳐 건물이 불타는 것을 막을 수 있게 되었습니다. 번개가 치면 전자의 이동으로 생긴 에너지가 마찰에 의해서 빛과 열로 발산하는데, 건물이나 나무에 번개가 치면 강력한 전기에너지 때문에 불이 납니다. 그런데 전기가 잘 통하는 금속 같은 도체를 건물의 꼭대기부터 땅속까지 연결해주면 전자가 다니는 고속도로가 생기는 것이나 같습니다. 따라서 마찰이 덜 생기므로 불이 나지 않는데 이것이 피뢰침의 원리죠.

그러면 번개는 왜 생길까요? 호박과 천을 마찰시키면 정전기가 발생하듯이 하늘에 떠 있는 구름과 구름 사이에도 정전기가 발생할 수 있습니다. 또한 구름과 땅 사이에도 정전기가 발생할 수 있죠. 말하자면 거대한 정전기가 구름과 구름 혹은 구름과 땅 사이에 형성되었다가 서로의 전자기력에 끌려 만나는 순간 번개가 칩니다. 평상시에는 전자가 이동할 수 없으니 번개가 치지 않지만, 비가 오면 물에 의해서 전기가 통할 수 있는 통로가 형성되어 순식간에 전자가 이동하기 때문입니다. 피뢰침을 만드는 금속은 물보다 훨씬 잘 통하므로 비가 와도 걱정이 없습니다.

전기에 관심이 많던 알레산드로 볼타도 정전기를 연구했습니다.

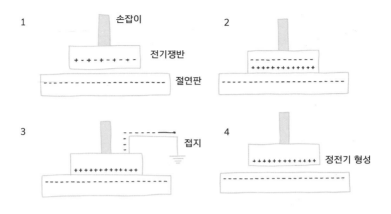

전기쟁반으로 정전기를 발생시키는 방법

그는 1775년 물체에 전기를 띠고 있는 물체(대전체)를 접촉시키면 전기
장의 영향으로 물체 표면에 전하가 유도되는 정전기유도를 이용해 정
전하를 발생시키는 장치인 전기쟁반을 개발했습니다. 위의 그림을 예
로 들어보겠습니다. 대전체인 전기쟁반을 절연판에 접촉시키면 절연판
의 표면에 있는 전자에 의해 전기쟁반의 전하가 그림 2번과 같이 분리
됩니다. 그리고 3번과 같이 전기쟁반을 지면과 맞닿게 하면 전자는 땅
속으로 빠져나가게 되죠. 그다음 전기쟁반을 절연판에서 떼면 정전기
가 형성됩니다. 볼타는 더불어 전기쟁반에 얼마나 많은 정전기가 저장
되어 있는지를 나타내는 전기용량을 연구해 전압이 축적된 전하량에
비례한다는 사실을 밝혀냅니다. 전압의 단위인 볼트^{V}는 이러한 공로를

인정해서 볼타의 이름에서 따왔습니다. 참고로 전류의 단위인 암페어^A는 프랑스 물리학자 앙드레 마리 앙페르에서 따왔고요.

전기와 관련된 볼타의 업적은 여기서 그치지 않습니다. 그는 볼타전지를 만들어 인공적으로 전기가 흐르도록 함으로써 세계 최초로 전기를 만들었습니다. 전기자동차의 시작을 만든 사람이 볼타라고 해도 지나치지 않습니다.

이후에 볼타의 발명으로 수많은 사람이 영감을 받고 전기라는 새로운 에너지를 개발합니다. 그러면서 전기 산업이 발전하고, 전기화학이라는 새로운 분야가 열렸죠. 현대 전자통신 산업을 이끈 벨연구소가 설립된 것도 어찌 보면 볼타의 연구가 있었기에 가능했습니다. 볼타가 어떻게 벨연구소 설립에 기여했는지는 뒤에서 자세히 설명하겠습니다.

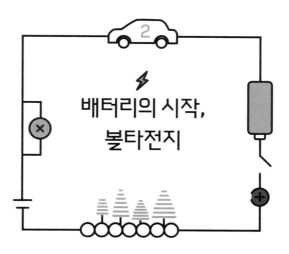

배터리의 시작, 볼타전지

볼타가 정전기를 연구하던 비슷한 시기에 이탈리아에는 루이지 갈바니라는 의학자가 있었습니다. 갈바니는 생체 해부실험을 많이 했습니다. 그는 해부실험을 하다가 개구리 뒷다리에 아연과 구리가 붙어 있는 금속선을 연결하면 죽은 개구리의 다리가 움직이는 것을 발견합니다. 갈바니는 이것이 동물에서 나온 전기라고 생각해 '동물전기'라고 불렀습니다.

동물은 실제로는 전해질 역할만 했을 뿐입니다. 전해질은 물이나 극성용매(물, 에탄올, 아세톤처럼 전기 쌍극자 성질을 가진 분자로 된 용매)에 이온이 녹아 있어 직접적으로 전자가 이동하지는 않지만, 이온이 이동해서 전기가 통하는 물질입니다. 하지만 처음으로 전압 차이에 따라 지속적으로 전자가 흐르는 전기를 발견한 사람이 갈바니였기 때문에 지금도 갈바니는 전류가 흐르는 기기 등의 이름에 많이 쓰입니다. 여러분이 매일 사용하는 휴대전화의 배터리를 충전하는 방식은 두 가지로, 하나는 정전류 방식이고 하나는 정전압 방식입니다. 정전류 방식은 일정한 전류를 흐르게 하고, 정전압 방식은 일정한 압력으로 전기를 흐르게 합니다. 영어로 정전류 방식을 갈바노스테이틱 모드galvanostatic mode라고 하는데, 여기서 갈바노도 갈바니에서 유래한 용어입니다. 길을 다니다 보면 피부미용실 간판에 갈바닉 마사지라는 문구가 쓰인 곳을 많이 볼 수 있습니다. 갈바닉 마사지는 얼굴에 전류를 흘려주어 영양 성분을 피부에 더 잘 흡수시키는 마사지를 의미하죠.

다시 본론으로 돌아와서, 왜 죽은 개구리의 뒷다리가 움직였을까요? 본래 동물의 근육을 움직이는 신호는 전기신호입니다. 근육에 전기신호를 가하면 근육이 짧아집니다. 살아 있을 때는 뇌에서 전기신호를 주기 때문에 근육이 움직이는 것이고, 죽은 개구리의 뒷다리는 축 늘어져 있다가 전기신호를 주자 근육이 짧아져 마치 살아 있는 것처럼 움직인 것뿐입니다.

갈바니의 실험 이야기를 들은 볼타는 개구리 다리에 전기가 흐른 이유가 동물전기 때문이 아니라 서로 다른 금속을 연결했기 때문이라고 생각했습니다. 이 실험에서 힌트를 얻은 볼타는 구리금속판과 아연금속판을 소금물에 담근 후 연결해 볼타전지를 만듭니다. 전지battery가 처음 발명된 순간이자 인간이 의도적으로 처음 전기를 만든 순간이기도 합니다. 당시에는 불꽃(스파크)이 일어나야 전기가 생성되었다는 사실을 쉽게 알 수 있었습니다. 그렇지만 볼타전지는 전압이 1볼트 정도로 너무 낮아 불꽃을 일으킬 수 없었기 때문에 볼타전지를 여러 개 쌓아서 볼타파일을 만듭니다. 볼타파일은 볼타전지 여러 개를 직렬로 연결한 형태로, 이렇게 만들면 높은 전압을 얻을 수 있습니다. 아연 위에 소금물에 적신 천을 올리고, 그 위에 구리를 놓은 뒤 다시 아연, 소금물에 적신 천, 구리를 순서대로 계속 반복해서 쌓아 만듭니다.

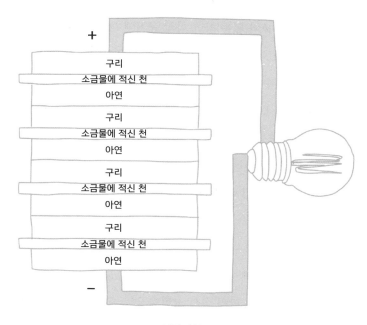

볼타파일

서로 다른 금속을 소금물에 넣고 연결하면 전기가 흐르는 이유가 무엇일까요? 구리나 아연 같은 금속은 원자핵이 금속결합을 이루고 자유전자가 돌아다니는 물질이죠. 자유전자는 −이고, 원자핵은 +이기 때문에 서로 끌어당깁니다. 물질마다 서로 당기는 힘이 다르듯이 금속마다 원자핵과 전자가 서로 당기는 힘이 다릅니다. 어떤 금속은 자유전자를 잡아당기는 힘이 매우 세고, 어떤 금속은 자유전자를 잡아당기는 힘이 약합니다.

이는 서로 다른 극성의 자석이 당기거나 자석과 철이 서로 당기는 현상과 비슷한데, 강한 자석은 세게 당기고 약한 자석은 약하게 당깁니다. 만약 철가루가 붙어 있는 약한 자석 근처에 매우 강한 자석이 오면 어떻게 될까요? 좀 더 강하게 당기는 자석 쪽으로 철가루가 움직이겠죠. 금속도 마찬가지입니다. 센 힘으로 자유전자를 당기는 금속과 약한 힘으로 자유전자를 당기는 금속을 소금물에 담근 후 연결하면, 전자는 자유전자를 세게 당기는 금속 쪽으로 이동합니다. 여기서 약한 힘으로 자유전자를 당기는 금속이 아연이고, 센 힘으로 자유전자를 당기는 금속이 구리입니다. 그러면 아연에서 구리 쪽으로 전자가 이동합니다.

그런데 왜 두 금속을 소금물에 담그는 걸까요? 금속끼리만 붙여 놓으면 전자가 이동하지 않습니다. 전하 균형(양전하와 음전하의 개수를 맞추는 것)을 맞춰야 하기 때문입니다. 이때 두 금속을 소금물에 담그면 소금물 안에서 이온이 이동하여 전하 균형을 맞출 수 있기 때문에 전자가 이동하기 시작합니다. 이것이 볼타전지가 작동하는 원리입니다. 여기서 전압은 아연이 자유전자를 당기는 힘과 구리가 자유전자를 당기는 힘의 차이에 따라 결정되고, 전류는 얼마나 많은 전자가 이동하는지에 따라 결정됩니다.

전자가 이동할 수 있는 판을 전극이라고 합니다. 볼타전지에서는 아연금속판과 구리금속판이 전극입니다. 이 두 전극을 넣은 소금물은 전해질이고요. 전해질은 앞에서도 설명했듯이 전자가 직접 흐르지는 않지만 이온이 이동해서 전기가 통하는 물질로, 소금에는 나트륨이온과 염소이온이 있기 때문에 전해질로 사용이 가능했던 것입니다. 그렇게 되면 아연에서 전자가 튀어나와서 구리 쪽으로 이동하고, 아연금속판은 산화해 아연 양이온이 되어 소금물에 녹습니다. 아연에서 이동한 전자를 받은 구리금속판은 무언가를 환원시켜야 하는데, 소금물에 있는 수소이온을 환원시켜 구리금속판 표면에 수소기체가 생깁니다. 이 같은 반응을 산화환원반응이라고 합니다. 산화반응과 환원반응을 합친 말로 보통 전자를 잃는 반응은 산화반응, 전자를 얻는 반응은 환원반응입니다. 산소와 결합하면 주로 전자를 잃기 때문에 산소와 결합하는 반응이 대표적인 산화반응입니다. 여기서는 물속에 녹아 있는 수소이온이 전자를 받았기 때문에 환원반응이 일어난 것입니다.

전자가 튀어나오는 전극을 음극이라고 하고, 전자를 받아들이는 전극을 양극이라고 합니다. 건전지에서 볼록하게 튀어나온 쪽이 양극, 평평하거나 살짝 들어간 쪽이 음극입니다. 이렇게 음극, 양극, 전해질이 있으면 전지를 만들 수 있죠.

볼타가 볼타전지를 발명한 1800년, 이탈리아는 프랑스의 지배 아래 있었습니다. 강대했던 로마제국이 멸망하고, 이탈리아 전쟁을 거쳐 오스트리아에 기반을 둔 합스부르크 왕조의 지배를 받다가 프랑스혁명이 끝나고 나폴레옹이 프랑스의 황제가 될 때 프랑스의 속령이 됩니다. 프랑스혁명은 군주제에서 공화제로의 전환을 이끌어낸 상징적인 혁명입니다. 모든 사람은 평등하다는 인권의 개념도 확립되었죠. 황제가 된 나폴레옹은 과학기술과 예술에 관심을 가지고 정책적으로 지원했습니다.

나폴레옹은 갈바니의 업적을 기리기 위해 '갈바니 상'을 만듭니다. 그리고 나폴레옹의 조카이자 프랑스혁명 이후 두 번째 황제가 된 나폴레옹 3세는 갈바니상에 영향을 받아 '볼타 상'을 만들었습니다. 볼타 상은 볼타의 업적을 기리고자 전기 관련 연구에 뛰어난 업적을 세운 사람에게 주어지는 상이었습니다. 당시 돈으로 5만 프랑이라는 거금과 명예가 주어졌죠. 볼타 상의 첫 번째 수상자는 볼타입니다. 이 상 덕분에 볼타는 전기화학자로 세상에 이름을 알리게 됩니다.

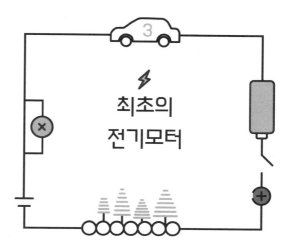

최초의
전기모터

　볼타전지가 만들어지면서 전기를 쓸 수 있게 되자 여러 사람이 전기에 대한 연구를 시작했습니다. 그중 마이클 패러데이라는 영국의 물리학자도 있었죠. 1800년대 당시 영국 동전 하프페니는 구리로 만들었는데, 패러데이는 하프페니 일곱 개와 아연금속판 일곱 개를 이용하여 볼타파일을 만들고, 전기적 물질의 분해 실험을 합니다.

　전기분해는 전자를 주는 산화반응과 전자를 받는 환원반응이 동시에 일어나는 산화환원반응으로, 전기를 가한 전해질에서 물질이 분해되어 나옵니다. 예를 들어 전기로 물을 분해하면 수소와 산소로 분해됩니다. 패러데이는 이 실험을 통해 패러데이의 법칙을 만듭니다. 패러데이의 법칙은 전기분해 시 전극에서 생성되거나 소비된 물질의 양은 전극을 통해 흐른 전하량에 비례한다는 법칙입니다. 전기분해나 전기도금(전기를 가해서 물질의 표면에 다른 금속이나 물질을 얇게 코팅하는 방법)을 할 때 이용하는 가장 기본적인 법칙이죠. 이런 연구성과를 기리기 위해 전기용량의 단위인 패럿^{F}은 패러데이의 이름에서 따왔습니다. 음극, 양극, 전해질 등 전지의 구성 요소 이름 역시 패러데이가 지었습니다.

이 밖에도 패러데이의 업적은 다양합니다. 덴마크의 물리학자 한스 크리스티안 외르스테드가 전류에 의해 나침반이 움직인다는 사실을 발견한 후 패러데이도 비슷한 실험을 시작합니다. 전류가 흐르는 도선과 자석 사이에 힘이 존재한다는 것을 알아낸 뒤 이를 이용하여 계속 회전하는 장치를 만들었는데, 바로 직류모터입니다. 세계 최초로 전기로 움직이는 모터를 발명한 거죠. 패러데이는 유도전류도 발견했습니다. 유도전류는 서로 접촉하지 않은 두 개의 코일 중 하나의 코일에 전류를 흘리면, 나머지 코일에도 전류가 흐르는 현상입니다.

패러데이의 연구는 이후 전자기 학문의 기초가 되고, 인류가 전기라는 새로운 에너지를 사용할 수 있도록 해주었습니다. 그런데 패러데이는 부와 명예에 별 욕심이 없었습니다. 그는 어떤 특허도 출원하지 않았고 여왕이 주는 지위도 거절했으며, 심지어는 학회 회장직도 맡지 않았죠. 대신 학문적 자부심이 대단했고 과학기술의 대중화를 위해 많은 강연을 했는데, 특히 1825년부터 매해 '아이들을 위한 크리스마스 강연'을 개최했습니다. 그 전통은 현재까지도 이어져오고 있습니다. 양초를 이용해 물질의 특성과 상호작용을 설명한 그의 마지막 강연은

《양초 한 자루에 담긴 화학이야기》라는 책으로 출간되어 지금도 읽히고 있으니 정말 존경할 만한 과학자입니다.

당시 대부분의 과학자가 귀족이자 부유한 환경에서 자란 반면, 패러데이는 가난한 환경에서 자라 정규교육도 제대로 받지 못했습니다. 그러니 수학을 거의 몰랐던 데다 화학 입문서를 읽은 것도 20세가 넘어서였죠. 패러데이를 위대한 과학자로 만든 것은 책이었습니다. 제본소에서 책을 제본하는 일을 하면서 여러 책을 읽을 수 있었고, 과학과 전기에 대한 관심을 키웠습니다. 그러다가 당시 영국왕립연구소의 연구원인 험프리 데이비가 실험을 하다 눈에 부상을 입자 그의 조수로 채용되었고, 데이비의 신뢰를 얻은 뒤 매우 친밀한 사이가 됩니다.

데이비는 웃음 가스라고도 불리던 항정신성물질인 아산화질소를 시연하는 행사로 유명해진 인물입니다. 그는 아크램프(서치라이트)를 발명했고, 1,000개 이상의 볼타전지를 사용하여 칼륨과 나트륨 원소를 발견하기도 했습니다. 이러한 연구결과를 바탕으로 유럽 최고의 과학자가 된 데이비는 프랑스국립연구소에서 수여하는 나폴레옹 상을 수상합니다. 데이비는 나폴레옹 상을 받기 위해 영국에서 유럽 대륙으로 갈 때 패러데이를 조수로 데려갔습니다.

두 사람은 이 여행에서 프랑스뿐만 아니라 유럽의 여러 나라를 방문하는데, 이탈리아 방문 당시 볼타를 만나게 됩니다. 이때 볼타의 나이는 이미 69세였지만, 자신이 흠모하던 과학자를 만난 패러데이에게 나이는 중요하지 않았습니다. 패러데이는 볼타전지를 만드는 법 등을 배워 전자기 분야에 위대한 업적을 남깁니다.

　그럼 패러데이는 어떻게 전기발전기의 원리를 알아내고, 직류모터를 개발했을까요? 패러데이는 연구할 때 막연하게 떠오르는 직감을 믿었습니다. 그리고 직감을 증명하기 위해 다양한 실험을 했죠. 앞서 말했듯이 수학은 잘 몰랐지만, 전기화학 분야와 전자기 분야에서 매우 위대한 업적을 남겼습니다. 패러데이가 한 연구를 보면 '수학을 모르면 이공대에 갈 수 없다'는 말은 편견에 불과하다는 생각이 들 정도입니다. 대신 영국 물리학자 제임스 맥스웰이 패러데이가 발견한 사실을 수학적으로 해석하고 체계화해 맥스웰 방정식으로 만들었습니다.

　발전기의 원리를 이해하려면 우선 자석부터 이해해야 합니다. 자석은 아주 오래전부터 인류에게 중요한 도구였습니다. 나침반으로 사용되어 동서남북을 알 수 있도록 해주었고, 이를 통해 장거리 여행이나 배를 이용한 장거리 항해가 가능해졌죠. 나침반의 빨간 바늘이 북쪽을 가리키는 것은 지구가 하나의 커다란 자석처럼 자기장을 형성하고 있기 때문입니다. 자기장은 자석에 의해서 생기는 자기의 힘이 미치는 영역을 의미합니다.

　조그마한 자석이 자기장을 형성하는 것이나 커다란 지구가 자기장을 형성하는 원리는 같습니다. 바로 전자의 회전(스핀) 때문이죠. 물질을 구성하는 세 가지 중요 요소는 양성자, 중성자, 전자입니다. 그중 양성자와 중성자는 물질의 핵을 이루고, 전자가 그 주위를 돌면서 공간을 형성합니다. 행성이 태양 주위를 도는 것과 마찬가지입니다. 이와 비슷하게 전자도 커다란 원을 그리면서 핵 주위를 도는 동시에 혼자 팽이처럼 돕니다. 이렇게 혼자 도는 성질, 즉 전자의 자전을 스핀이라고 합니다. 전자가 핵 주위를 도는 길은 궤도라고 하는데, 이 궤도에는 보통 전자 두 개가 들어갑니다. 대부분의 물질은 전자가 궤도에 두 개씩 존재하고, 하나가 왼쪽으로 돌면 다른 하나는 오른쪽으로 돌면서 자기장이 상쇄된 형태로 존재합니다. 외부 자기장의 반대 방향으로 자기장을 만들기 때문에 이러한 물질을 '반자성체'라고 부릅니다. 반자성체는 외부에서 자기장이 형성되면, 약하지만 외부 자기장을 상쇄시키는 방향으로 자기장을 형성합니다.

어떤 물질은 에너지 레벨이 같은 궤도를 두 개 가지고 있고 두 개의 전자가 각각 하나씩 궤도를 차지하게 됩니다. 그러면 전자의 스핀이 짝을 이뤄 상쇄되지 않고 같은 방향으로 형성되고요. 이렇게 되면 전자의 스핀이 같은 방향을 향하고 있기 때문에 외부에서 자기장을 걸어줄 경우 외부 자기장과 같은 반향으로 유도 자기장이 형성됩니다. 이러한 물질을 '상자성체'라고 부릅니다. 상온에서는 자기장이 방향성 없이 존재하므로 대부분의 상자성체는 외부 자기장이 없으면 자기장을 형성하지 않습니다.

전자 한 개가 한방향으로 돌아서 자기장을 형성하면 매우 작은 자기장이 형성되지만, 여러 개의 전자가 같은 방향을 바라보면서 같은 쪽으로 돌면 힘이 증폭되어 보다 큰 자기장을 형성합니다. 주로 철과 관련된 물질이 이런 현상을 보이죠. 이런 물질을 '페로자성체 혹은 페리

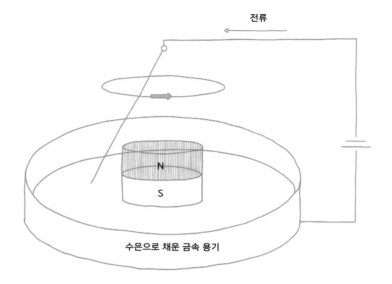

전류

N

S

수은으로 채운 금속 용기

패러데이가 만든 첫 전기모터

자성체'라고 부르는데, 페로와 페리는 라틴어로 철을 의미하는 페럼 ferrum에서 파생된 단어입니다.

우리나라를 포함한 동양에서도 오래전부터 자성을 띠는 물질을 지남철이라고 부르며 나침반으로 사용했습니다. 이 지남철이 산화철 가운데 특정 물질의 하나입니다. 지구 전체가 하나의 커다란 자기장을 형성하는 이유도 지구 외핵을 구성하는 물질인 철과 니켈 때문입니다. 지구 내부는 온도가 높아서 두 물질은 액체 상태로 존재하며 대류현상 (온도가 높은 물질은 위로 올라가고 낮은 물질이 아래로 내려오는 현상)을 일으키는데, 이때 짝짓지 않은 전자들이 한방향으로 정렬하여 거대한 자기장을 형성하는 겁니다.

44쪽 그림을 보면 패러데이가 만든 첫 전기모터는 전기가 흐르는 전선이 자기장을 형성하고 있는 자석 주변을 계속 회전하도록 되어 있습니다. 가운데에 영구자석이 있어 이미 자기장이 형성되어 있지만, 전선에 전류가 흐름으로써 새로운 자기장이 형성됩니다. 이때 같은 극끼리는 미는 힘(척력)과 서로 다른 극끼리는 당기는 힘(인력)이 작용하여 계속 자석 주변을 회전하는 원리를 이용해 만든 것입니다.

최초의 발전기,
패러데이 디스크

볼타와 패러데이의 발명 이후 사람들은 전기를 손에 넣었습니다. 그렇지만 어떻게 다뤄야 하는지는 잘 몰랐죠. 전기는 이전에 사용하던 불과는 전혀 달랐습니다.

불은 인류가 석기 시대에서 청동기 시대와 철기 시대로 넘어갈 수 있게 만든 가장 큰 동인입니다. 금속기 시대를 연 일등 공신이지만 불을 능숙하게 사용하기까지는 많은 노력이 뒤따랐습니다. 청동은 섭씨 약 1,000도 근처에서 녹지만 철은 1,500도 이상에서 녹기 때문에 불로 온도를 높이는 기술이 필요했습니다. 청동기 시대보다 철기 시대가 더 늦게 나타난 이유입니다.

이처럼 인류는 무려 150만 년 이상 불을 사용하면서 효율적인 사용 방법을 터득해왔습니다. 그만큼 매우 친숙하고 능숙하게 다룰 수 있는 에너지였고요. 그런데 전기는 눈에 보이지도 않고 소리도 나지 않았죠. 만들고 저장하는 일도 힘들었습니다. 전기는 그야말로 신세계였습니다.

전기를 사용하려면 전기부터 만들어야 합니다. 볼타전지가 성능이 오래가는 망간전지로 발전했음에도 여전히 더 큰 전기에너지를 만드는 일은 어려웠습니다. 전지 내에는 산화될 수 있는 물질과 환원될 수 있는 물질을 함께 넣어줍니다. 그런데 산화환원반응이 진행되면 이 물질들은 더 이상 산화환원반응을 할 수 없는 물질로 변해 전기가 흐르지 않습니다. 따라서 건전지는 어느 정도 쓰면 작동이 멈추고 계속 교체해야 했습니다. 건전지를 교체하는 비용도 만만치 않고요. 반면 패러데이가 발명한 자석과 코일을 이용한 방법은 효과적이고 편리합니다. 코일이나 자석을 돌릴 수 있는 힘만 가하면 끊임없이 전기를 만들 수 있으니까요. 오늘날 전기 산업은 패러데이의 발명을 바탕으로 성장했습니다.

처음 발전기를 만든 사람도 패러데이입니다. 패러데이가 유도전류 현상을 발견한 후 발명한 패러데이 디스크가 발전기의 시초입니다. 패러데이 디스크는 말굽 형태의 자석과 디스크로 이루어져 있습니다. 말굽자석 사이에 디스크를 넣고 돌리면, 자기장의 방향과 디스크의 회전 방향에 따라 전류가 흐릅니다. 돌리는 방향에 따라서 전류는 디스크의 가운데에서 가장자리로 흐르거나, 반대로 가장자리에서 가운데 쪽

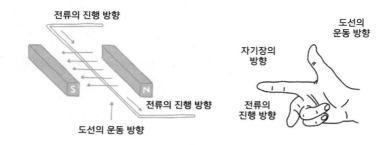

플레밍의 오른손법칙

으로 흐르게 되어 있습니다. 그래서 디스크의 가장자리와 중앙에 각각 도선이 연결되어 있죠. 여기에는 오른손의 엄지손가락, 집게손가락, 가운뎃손가락을 각각 직각이 되게 뻗어 집게손가락을 자기장 방향으로 향하게 하고, 이 자기장 속에서 엄지손가락의 방향으로 도선을 움직이면, 도선에는 가운뎃손가락의 방향으로 전류가 흐른다는 플레밍의 오른손법칙을 적용했습니다.

이렇게 하면 직류전기를 만들 수 있습니다(교류는 뒤에서 설명하겠습니다). 직류발전기와 직류모터는 구조가 거의 같습니다. 전기를 생산하기 위해 만들면 발전기가 되고, 전기를 이용하여 회전 장치를 만들면 모터가 됩니다. 패러데이 디스크는 이렇게 디스크만 회전시키면 계속 전기를 만들 수 있으니 조금 작동하다가 멈추는 볼타전지나 망간전지보다 전기를 연구하기가 훨씬 쉬워졌습니다. 그렇다 보니 더욱 많은 사

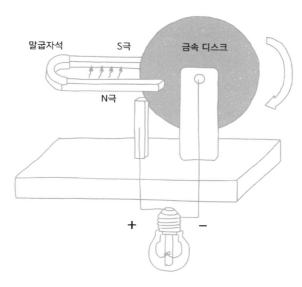

람이 전기 연구를 시작합니다. 이 시기는 산업혁명이 활발하게 진행되던 때라 사람들은 기술개발로 돈을 벌 수 있다는 생각을 가지고 있었습니다. 당시 돈을 벌기 위한 발명가들이 나타나 연구개발뿐 아니라 개발한 제품을 파는 사업까지 같이하게 됩니다.

　대표적인 발명가가 프랑스의 이폴리트 픽시, 영국의 존 스테펜 울리치와 찰스 휘트스톤, 독일의 베르너 폰 지멘스, 미국의 토머스 에디슨, 오스트리아·헝가리 제국의 니콜라 테슬라입니다. 이 중 지멘스 본인의 이름을 따서 만든 지멘스Siemens는 독일의 대표적인 전기회사가 되었고, 에디슨이 만든 제너럴일렉트릭General Electric, GE은 미국의 대표적인 가전회사가 되었으니 남들보다 조금 앞서 연구하는 것이 얼마나 중요한지 알 수 있습니다.

패러데이 디스크는 혁신적인 발명이었지만 단점도 있습니다. 넓은 디스크 면적 때문에 전류가 전극이 아닌 방향으로 새고, 말굽자석의 자기장이 디스크에 고르게 영향을 주지 못해 효율적으로 전기를 만들 수 없다는 점입니다. 이를 해결하기 위해 패러데이는 말굽자석 대신 두 개의 영구자석을 양쪽에 놓고 가운데에서 코일을 돌리는 방식으로 개

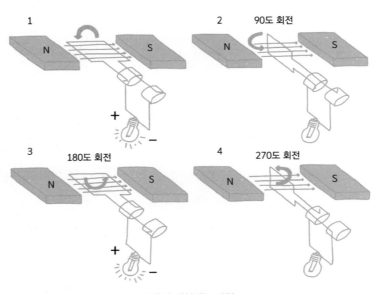

교류가 생성되는 과정

선합니다. 하지만 이렇게 되면 직류전류가 아닌 교류전류가 흐릅니다. 코일이 자석과 평행하게 0도로 있다가 90도까지 돌아가면 플레밍의 오른손법칙에 의해서 전류가 흐릅니다. 그런데 코일이 90도가 되면 자기장의 방향과 코일의 운동 방향이 일치하므로 전류가 흐르지 않죠. 더욱이 90도를 넘어가면 운동 방향이 바뀌어 전류도 반대 방향으로 흐르고요. 전류의 크기도 0도나 180도에서 가장 많이 흐르고, 90도나 270도에 가까워지면 작아집니다. 이렇게 전류의 방향이 주기적으로 변하면서 전류의 세기가 커졌다가 작아지는 전류를 교류라고 합니다.

지금은 교류로 발전을 하고 송전(전기를 멀리 있는 곳으로 보내는 것)하는 것을 당연다고 생각하지만, 발전기를 처음 개발할 당시만 해도 교류는 쓸모없는 전기라고 생각했습니다. 전류가 계속 흐르지 않고 방향도 계속 변할 뿐만 아니라 지금은 교류를 직류로 바꾸는 정류기술이 발달했지만, 그때는 그런 기술이 없었으니까요.

이 문제를 처음 해결하고 효율적인 직류발전기를 개발한 사람이 픽시입니다. 픽시는 코일을 바깥쪽에 놓고, 코일 안쪽에 영구자석을 넣어 회전하는 장치를 개발했습니다. 이렇게 코일과 영구자석의 위치를 바꾸어도 교류가 흐르는 것은 마찬가지입니다. 그는 여기에 회전 스위치를 넣어 교류를 직류로 바꾸어주었는데, 이 회전 스위치를 정류자라고 합니다. 정류자는 전류의 방향이 바뀔 때마다 같이 회전함으로써 접촉하는 전극을 바꾸는 스위치로, 전류가 반대 방향으로 흐르지 않고 계속해서 한방향으로 흐르게 만듭니다.

이후 휘트스톤과 지멘스가 비슷한 시기에 영구자석을 전자석으로 바꾸어 전기를 훨씬 더 효율적으로 생산할 수 있는 발전기를 만들고, 산업화에 성공합니다. 전자석은 철과 같은 상자성체에 코일을 감아놓고 전류를 흘려 만듭니다. 이렇게 만든 전자석은 영구자석에 비해 자기장의 세기가 월등히 커서 발전기에 적용하면 보다 많은 전기를 생산할 수 있었던 거죠.

전류 전송 시스템,
교류모터의 시작

탄소 필라멘트와 백열전구

드디어 강력한 전기를 생산할 수 있는 발전기가 개발되자 발명가들은 본격적으로 관련 기술을 개발하기 시작했습니다. 지멘스는 본인이 개발한 발전기를 이용해 전기불꽃(스파크) 전기로를 만들고, 이를 통해 금속물질을 생산하기 시작했습니다. 새뮤얼 모스가 개발한 텔레그래프(전신기)도 전기를 활용할 수 있는 분야였습니다. 텔레그래프는 모스부호를 이용해 문자를 전기신호로 바꾸어 멀리 전송할 수 있는 시스템입니다. 통신 산업의 시작이었죠. 휘트스톤도 전자기 신호를 이용해 문자를 멀리 전송할 수 있는 기술을 개발하고 특허를 취득했습니다.

하지만 당시 사람들이 전기로 가장 하고 싶었던 일은 밤에 더욱 쉽게 불을 밝히는 것이었습니다. 밤에는 기름을 넣은 등잔이나 양초를 사용했는데, 불이 나기 쉽고 다 쓰고 나면 매번 기름이나 양초를 새것으로 바꾸어야 하는 데다 별로 밝지도 않았습니다. 그래서 볼타전지가 발명된 이후 많은 사람이 전기로 불을 밝히기 위한 연구를 했죠.

전기를 이용해서 불을 밝힐 수 있다는 사실을 처음 알아낸 사람은 험프리 데이비였습니다. 앞서 말했듯 그는 무려 1,000개나 되는 볼타전지를 연결해 전기를 만드는 실험을 했습니다. 그렇게 생성한 전류를 백금 필라멘트에 흘려보내 백금 필라멘트가 달궈지면서 빛을 내도록 했습니다. 백열전구의 가능성을 처음으로 알린 거죠. 하지만 데이비가 만든 백금 필라멘트는 밝기가 충분히 밝지 않았고, 필라멘트가 금세 끊어져 작동을 멈추었습니다. 이후에 유리전구를 진공으로 만들어서 산소와의 접촉을 차단하면 좀 더 오래가는 전구를 만들 수 있었습니다. 실제로 형광등이 나오기 전까지 오랫동안 쓰인 전구는 진공 상태의 유리구球에 텅스텐을 필라멘트로 넣어 사용한 전구였습니다.

필라멘트가 끊어지는 문제를 해결한 사람이 바로 에디슨입니다. 에디슨은 끊어지지 않는 금속을 찾으려고 무려 1만 개 이상의 물질을 테스트했다고 합니다. 그중 처음 일상적으로 쓸 수 있는 수준의 안정성을 보여준 물질이 탄소 필라멘트입니다. 에디슨의 연구 팀은 대나무를 태워서 얻은 탄소 필라멘트를 진공 상태의 백열전구 안에 넣고, 아주 얇은 백금선을 전극으로 써서 1,000시간 이상 작동하는 백열전구를 만듭니다. 드디어 실제 조명으로 써도 될 만한 전구가 개발된 겁니다.

에디슨의 연구 팀은 질 좋은 탄소 필라멘트를 만들기 위해 일본의 특정 지역 대나무를 대량으로 사 들이기도 했습니다.

탄소는 전기와 관련해 아주 독특한 성질을 가지고 있습니다. 결합하는 방법에 따라 비전도성물질인 다이아몬드가 되기도 하고, 전도성 물질인 흑연이 되기도 합니다. 탄소가 공기 중에서 안정적인 물질이 되려면 네 개의 결합을 가져야 합니다. 가장 바깥쪽 전자껍질인 최외각에 전자가 네 개 있는데, 옥텟 규칙(화학적으로 주족원소들이 여덟 개의 전자를 채우면 안정화된다는 규칙)을 만족시키려면 전자가 여덟 개가 되어야 합니다. 따라서 서로 다른 탄소가 전자를 하나씩 공유하면서 네 개의 결합을 만드는 거죠.

탄소가 네 개의 결합을 만드는 방법은 두 가지입니다. 첫째 정글짐처럼 입체적으로 만들면 다이아몬드가 됩니다. 아주 안정적인 구조

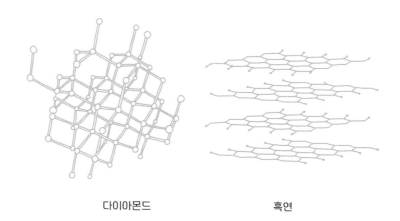

다이아몬드   흑연

이지만, 전자 수가 네 개인 탄소 원자 한 개가 다른 탄소 원자 네 개와 결합하므로 움직일 수 있는 전자가 없어 전도성은 없습니다. 따라서 다이아몬드는 비도체입니다. 둘째 180도 간격으로 결합 세 개를 만들고 그중 하나의 결합을 두 개로 만들면 평면 구조가 되는데, 이것이 잘 알려진 흑연입니다. 흑연은 탄소 원자 한 개가 다른 탄소 원자 세 개와 결합하므로 남은 원자의 전자 한 개가 자유롭게 움직일 수 있어 전도성을 갖습니다. 따라서 흑연은 도체가 되고, 전기화학적으로 쓰임새가 아주 많습니다.

1886년 프랑스 화학자 조르주 르클랑셰는 볼타전지를 개선해 망간전지를 만들었습니다. 그는 망간전지에 흑연봉을 사용했습니다. 흑연봉은 전기가 통하면서도 매우 안정되어 있어 변하지도 않고 오랫동안 작동합니다. 이렇게 탄생한 것이 바로 건전지입니다. 오늘날 휴대전화의 전원으로 쓰이는 리튬이온전지에도 흑연이 들어갑니다. 흑연은 전기가 잘 통하는 전도성물질로도 쓰이고, 전극물질로도 쓰입니다. 리튬이온전지에는 양극활물질이 들어갑니다. 양극활물질은 양극 전극에 사용되는 활물질로 리튬이온을 저장하며 배터리의 성능을 좌우하는 중요한 물질입니다. 참고로 음극활물질은 양극에서 나온 리튬이온을 저장했다가 내보내면서 외부회로를 통해 전류를 흐르게 하는 역할을 하고요. 리튬이온전지의 양극활물질로는 리튬 코발트 산화물이나 리튬 니켈 코발트 망간 산화물이 쓰입니다. 금속이 산소와 만나 결합한 금속 산화물은 산소에 자유전자를 빼앗겨 전기가 잘 통하지 않는 물질로 변하므로 전도성물질을 섞어서 전극을 만듭니다. 이때 쓰이는 전도성물질이 흑연입니다. 또 리튬이 들어갔다 나왔다 하는 전극물질로도 흑연 구조의 탄소를 사용합니다(리튬이온전지에 대해서는 뒤에서 자세히 설명하겠습니다).

흑연의 구조는 매우 단단하여 금속보다 훨씬 강합니다. 탄소의 이런 특성 때문에 탄소로 이루어진 카본 섬유는 가볍고 단단한 구조물이 필요한 곳, 즉 항공기, 고급 자전거, 테니스 라켓 등에 많이 쓰이죠. 에디슨이 탄소 필라멘트를 만들어서 성공한 이유도 여기에 있습니다. 탄소 필라멘트는 전기가 통하면서도 결합이 안정적이라서 오랫동안 빛을 내는 백열전구도 탄생할 수 있었으니까요. 이후 탄소 필라멘트보다 성능이 훨씬 좋은 텅스텐 필라멘트가 개발되지만, 당시에는 탄소 필라멘트를 적용한 백열전구가 획기적인 발명품이었습니다.

직류전기와 교류전기

비로소 안정적인 전구가 개발되자 많은 사람이 자신의 집에 조명을 설치하고 싶어 했습니다. 그리고 이때부터 소설과 영화로도 잘 알려진 테슬라와 에디슨의 전류 전쟁이 시작됩니다. 사진기와 축음기를 발명하고, 이제 막 백열전구를 만든 에디슨에게 유럽지사에서 근무하던 테슬라가 찾아와 같이 일하게 됩니다. 에디슨은 테슬라에게 직류발전기의 성능을 향상시키면 5만 달러를 지급하겠다고 약속했지만, 테슬라가 성공했는데도 약속을 지키지 않았습니다. 게다가 에디슨이 미국 유머를 이해하지 못한다며 면박을 주었죠. 무엇보다 두 사람은 교류와 직류 방식을 둘러싸고 의견이 달랐습니다. 테슬라는 결국 에디슨의 회사를 그만두고 독자적인 연구개발에 들어갑니다.

당시 에디슨의 회사는 각 가정에 직류로 전기를 공급하는 시스템을 구상 중이었고, 기차 제동장치로 큰돈을 번 웨스팅하우스의 회사는 교류로 전기를 공급하는 시스템을 구상 중이었습니다. 그때 웨스팅하우스의 회사에서 교류발전 연구를 하던 개발자가 전기를 전송하는 실험을 하다 죽는 사고가 생깁니다. 웨스팅하우스는 교류 시스템에서 눈에 띄는 성과를 낸 테슬라를 찾아가 같이 일하자고 제안합니다.

그리고 때마침 시카고 세계 컬럼비아 엑스포에서 전구를 밝히는 전기 시스템을 두고 에디슨 회사와 웨스팅하우스 회사가 경쟁을 벌입니다. 에디슨 회사는 직류전송을 고집하고, 웨스팅하우스 회사는 테슬라를 주축으로 교류송전 시스템을 개발합니다. 결과는 어떻게 되었을까요? 최종적으로 웨스팅하우스 회사가 전류 공급자로 선정되어 엑스포에서 성공적으로 전구를 밝힘으로써 전기 전송 시스템의 주 사업자가 됩니다. 더불어 뉴욕을 중심으로 전기가 실생활에 쓰이기 시작했죠.

직류전송 시스템과 교류전송 시스템의 경쟁에서 교류전송 시스템이 승리한 이유가 무엇일까요? 기술적인 이유도 있지만, 결국은 교류전송이 직류전송보다 비용이 덜 들기 때문입니다. 직류는 강물에 비유할 수 있습니다. 계속 한쪽 방향으로 흘러가는 강물같이 직류도 계속 한쪽 방향으로 흘러갑니다. 그래서 직류전기에서는 전압과 전류가 중

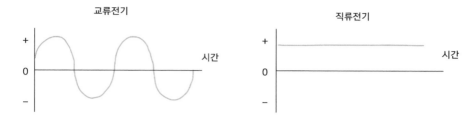

교류전기와 직류전기의 흐름

요합니다. 전압은 강의 위쪽과 아래쪽의 높이 차이, 전류는 흘러가는 물의 양이라고 할 수 있죠.

반면 교류는 전기가 왔다 갔다 하면서 흐릅니다. 출렁이는 물과 비슷합니다. 달리 표현하면《흥부전》에서 흥부와 흥부 아내가 박을 타는 톱질이라고 할 수 있습니다. 둘이 번갈아가며 톱을 당기면 톱이 왔다 갔다 하면서 박을 쪼개는 것처럼 말이죠. 이처럼 전기가 왔다 갔다 하는 에너지를 이용하는 것이 교류입니다. 교류전기에서는 전압과 진동수가 중요합니다. 진동수는 보통 헤르츠Hz로 표시하는데, 헤르츠는 1초당 진동한 횟수입니다. 우리나라 가정에서 사용하는 전기는 보통 220볼트, 60헤르츠로 초당 60회 진동하는 교류를 사용하고 있습니다.

교류의 장점 중 하나가 전압을 바꾸기 쉽다는 것입니다. 교류전송 시스템에서는 패러데이가 발견한 유도전류의 원리를 이용한 변압기라는 장치를 사용합니다. 변압기는 상자성체인 철심을 중심으로 양쪽에 코일이 감겨 있는데, 감아준 코일의 개수에 따라 전압이 변합니다. 만

약 오른쪽에는 코일을 백 번 감고, 왼쪽에는 열 번 감아준 뒤 오른쪽에 100볼트의 전류를 흘려보내면 왼쪽에는 10볼트의 전류가 흐르게 됩니다. 변압기를 이용하면 이런 식으로 전압을 높이거나 낮추기가 매우 쉽습니다. 하지만 직류는 전압을 높이거나 낮추기가 쉽지 않고, 이 과정에서 손실되는 전력도 교류에 비해서 큰 편입니다.

한곳에서 발전된 전기를 멀리 보낼 때는 교류가 유리할 수밖에 없습니다. 전기를 보내는 전선의 저항 때문에 멀리 보낼수록 전력이 줄어드는데 전압이 높으면 전력이 덜 줄어들어 전력 소모량도 줄어드니까요. 또한 같은 전압의 전류를 보낼 때는 직류전기가 교류전기보다 더 두꺼운 전선이 필요합니다. 직류가 전선의 저항에 더 큰 영향을 받기 때문입니다. 전선이 두꺼워지면 전선을 만들거나 전선을 설치하는 데 더 많은 비용이 들 수밖에 없죠. 이런 이유로 교류전기가 전기 전송 시스템에서 직류전기보다 우위를 점하게 되었습니다.

교류를 다루는 데 능숙했던 테슬라는 교류모터도 발명했습니다. 여러 사람이 교류발전기를 직류로 바꾸기 위해 정류자를 개발할 때 테슬라는 교류를 직접 사용하는 모터를 구상했죠. 정류자는 교류를 직류로 바꿀 수 있었지만, 불꽃이 잘 튄다는 문제를 가지고 있었습니다. 상상력이 매우 뛰어났던 테슬라는 오스트리아의 요하노임기술대학교에 다닐 때 이러한 문제를 해결하고자 교류모터를 생각해냈습니다. 여러 사정으로 요하노임기술대학교를 그만둔 테슬라는 체코 프라하에 있는 카를페르디난트대학교에 다니면서 구상을 발전시켜나갑니다. 그 후 오랫동안 교류모터를 현실화하기 위해 고민하던 중, 헝가리의 부다페스트 공원을 걷다가 갑자기 맴돌이전류를 이용하는 방법에 대한 아이디어를 떠올립니다.

맴돌이전류는 자기장 안의 도체에 전류로 인해 자기장이 생기는 것과 반대로, 자기장의 변화로 인해 전류가 생기는 전자기유도 때문에 발생하는 소용돌이 모양의 전류를 말합니다. 맴돌이전류를 유도하면 기계에서 회전하는 부분인 회전자를 돌릴 수 있고, 고정된 부분인 고정자의 코일에 회전하는 자기장을 만들 수 있죠. 이런 방법으로 회전자 안에서 맴돌이전류를 유도할 수 있습니다. 테슬라는 교류를 이용하여 회전하는 자기장을 형성할 수 있다는 확신을 가지게 됩니다. 이후 파리의 에디슨 회사에 다니면서 삼상교류모터에 대한 기본적인 구상을 완성했습니다. 삼상교류는 세 개의 전극을 사용해 두 개씩 짝을 지어 세 개의 전극 쌍을 가지는 방식입니다. 교류전기 세 개의 상을 전송할 수 있으므로 직류모터보다 훨씬 센 힘을 가지고 있죠.

하지만 어디까지나 테슬라의 머릿속에만 있던 구상이었습니다. 실제로 교류모터를 개발한 시기는 테슬라가 에디슨 회사를 그만두고 테슬라연구소를 만들어 독립한 뒤입니다. 테슬라는 에디슨 회사에서 처음 접한 열자기모터를 체계적으로 발전시켜 특허를 취득합니다. 열자기모터는 온도가 올라가면 자석이 자성을 잃는 원리를 이용한 모터입니다. 이후에 온도차를 이용하여 직접 전기를 생산할 수 있는 열자기발전기를 구상하죠. 그리고 위상phase(반복되는 파형의 한 주기에서 어느 한

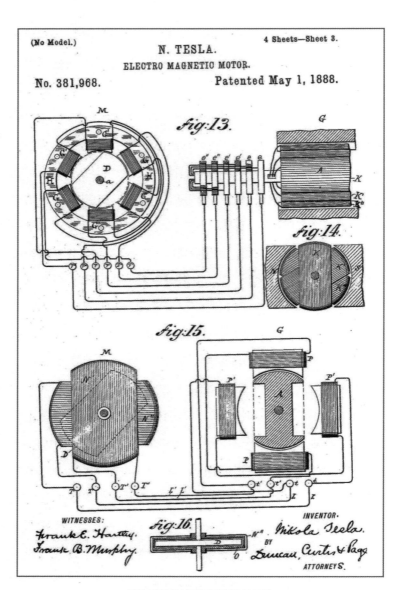

테슬라의 삼상교류모터 특허 그림

순간의 위치)이 다른 두 교류전류를 이용하는 법을 깨닫고, 교류전류에 관해 능통하게 됩니다.

계속 연구하려면 돈이 필요했던 테슬라는 교류전류를 이용하여 시카고 세계 컬럼비아 엑스포에서 재미있는 실연을 합니다. 바로 '테슬라의 콜럼버스 달걀'입니다. 신대륙 발견을 위해 스페인 이사벨 왕의 지원이 필요했던 콜럼버스가 사람들이 생각지 못한 방법으로 달걀을 세운 일은 유명합니다. 단지 달걀의 한쪽을 조금 깨서 평평하게 만들고 세운 것뿐인데 말이죠. 하지만 테슬라는 실제로 달걀을 깨지 않고 세웠습니다. 네 개의 코일로 만든 전자석을 탁자 밑에 설치하고, 탁자 위에는 구리판으로 감싼 달걀을 올려놓습니다. 그리고 네 개의 코일로 만든 전자석에 위상이 어긋나는 두 교류전류를 흘려보내 회전자기장을 만들었습니다. 이 회전자기장 때문에 구리판으로 감싼 달걀이 회전하면서 자연스럽게 설 수 있었죠. 당시 테슬라도 실연을 통해 원하던 금전적 지원을 받아 삼상교류모터를 완성합니다.

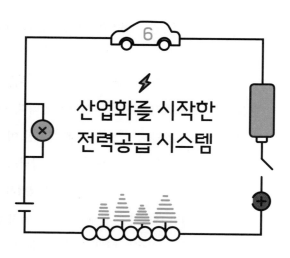

산업화를 시작한
전력공급 시스템

　1893년 미국 시카고에서 세계 컬럼비아 엑스포가 열렸습니다. 엘리베이터가 설치된 에펠탑으로 유명한 1889년 파리 엑스포 다음으로 개최되었으며, 6개월간 약 200개의 빌딩과 운하, 인공연못에서 개최된 당시 세계 최대 규모의 엑스포였습니다. 새로운 강국으로 떠오른 미국의 산업기술력과 건축예술을 아우르며 2,700만 명이라는 어마어마한 방문객이 다녀갔죠.

　세계 컬럼비아 엑스포는 특히 밤에 수많은 조명을 켠 야경을 선보여 유명해졌습니다. 앞서 말했듯이 이때 에디슨 회사보다 낮은 가격의 교류전송 시스템을 제안한 웨스팅하우스 회사가 전력공급 업체로 선정됨으로써 전력공급 시스템의 방식이 교류로 넘어갔습니다. 당시 전구

1893년 미국 시카고에서 열린 세계 컬럼비아 엑스포

로 사용하던 아크램프와 백열전구는 교류와 직류 모두 사용할 수 있습니다. 물론 교류를 가하면 전구는 켜졌다 꺼졌다를 반복하지만, 전기가 흐르는 속도가 빛의 속도와 마찬가지로 매우 빠르기 때문에 사람의 눈으로 인식할 수 없어 계속 켜져 있는 것처럼 보이죠. 직류를 전송하려면 저항을 줄이기 위해서 매우 두꺼운 선이 필요했지만, 교류는 전송할 때 얇은 구리선으로도 가능했기에 비용을 줄일 수 있었던 겁니다.

이외에도 알렉산더 그레이엄 벨이 설립한 아메리칸 벨 텔레폰 American Bell Telephone Company이 대규모로 전화기를 시연할 수 있는 시스템을 전시해 미국이 세계 최고의 통신기술 국가로 발돋움하도록 이끌었습니다.

웨스팅하우스가 교류전송 방식의 전력공급 시스템을 개발하기 전에도 이미 전력공급 시스템이 있었습니다. 약 10년 전인 1881년, 영국 고달밍에 설치한 물레방아를 이용한 발전 시스템입니다. 거리의 가스등을 아크램프와 백열전구로 바꾸기 위해 설치했죠. 이것이 세계 최초의 전력공급 시스템이자 수력발전소입니다. 전자석을 적용하여 발전효율을 크게 향상시킨 독일의 지멘스 발전기로 아크램프 일곱 개와 백열전구 서른네 개에 전력을 공급해 마을의 가로등을 밝혔습니다. 그러나 백열전구의 밝기가 낮고 비싼 비용 문제 등이 겹쳐 약 1년간 사용하는 데 그쳤습니다.

전력공급 시스템을 상업적으로 처음 실용화한 사람은 에디슨입니다. 에디슨 전기조명회사(나중에 제너럴일렉트릭으로 변경)가 1882년 뉴욕

영국 고달밍의 세계 최초 전력공급 시스템

맨해튼에서 석탄을 때 전력을 생산하는 증기기관이 설치된 펄스트리트 발전소를 짓고 운영했습니다. 펄스트리트 발전소는 초기에 59명의 고객을 위해 약 3,000개의 램프에 단일전압의 직류를 공급했습니다. 직류는 전선의 저항으로 전력손실이 발생하고, 이를 최소화하려면 전선의 두께를 크게 늘리든지 전압을 높여야 했지만 당시 기술로는 직류전압을 높이는 것이 쉽지 않았고, 전선 두께를 늘리려면 비용 문제가 생기다 보니 발전소에서 전송할 수 있는 거리가 800미터에 불과했습니다. 따라서 사업이 성장하는 데 한계가 있었죠.

반면 교류는 앞서 말했듯이 직류에 비해 전압을 쉽게 바꿀 수 있습니다. 코일 형태로 전선을 감은 횟수에 따라 전압이 바뀌는데, 전선을 철심에 감으면 자기장이 철심을 따라 자기장 회로를 형성하여 효율적이면서 안정적으로 전압을 바꿀 수 있습니다. 실용화할 수 있는 수준의 교류변압기를 처음 만든 사람은 프랑스 과학자 뤼시엥 골라르와 영국 과학자 존 기브스로 알려져 있습니다. 두 사람은 철심으로 변압을 유도했습니다. 이후 여러 연구자가 개선을 거듭해 폐쇄 구조의 철심을 사용하고, 얇은 철판 형태를 여러 겹으로 겹친 폐쇄 철심을 만들면서 지금도 많이 쓰이는 형태의 교류변압기가 개발되었죠.

1885년 웨스팅하우스 회사는 골라르와 기브스의 변압기 관련 특허권을 확보하고, 지멘스의 발전기를 여러 대 도입하여 교류전력 시스템 사업을 시작합니다. 웨스팅하우스 회사는 조지 웨스팅하우스 주니어가 만든 회사로, 초기에 철도용 에어브레이크를 개발해 성장을 거듭했습니다. 이런 경험을 바탕으로 전기 사업에 뛰어들었죠. 웨스팅하우스 회사의 엔지니어 중 한 명인 윌리엄 스탠리는 철심을 잘린 곳이 없는 고리 형태로 만들면 출력전압의 안정성이 향상된다는 사실을 발견합니다. 이렇게 개발한 변압기를 바탕으로 1886년부터 미국 매사추세츠주에서 전력을 공급할 수 있는 교류전송 시스템을 구축했습니다.

하지만 시스템의 수명이 짧았습니다. 바로 이 문제점을 해결하기 위해 테슬라를 찾아갔죠. 당시 에디슨의 회사에서 나온 테슬라는 정직원은 아니었지만 계약을 통해서 협력했고, 웨스팅하우스 회사는 테슬라의 다상유도모터와 변압기 특허권을 얻게 됩니다. 다상교류 시스템은 단상교류 시스템과는 달리 동시에 여러 개의 교류를 사용하거나 전송할 수 있는 시스템입니다. 주로 삼상이 쓰이는데, 전극을 세 개 사용

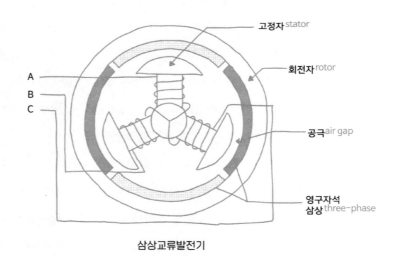

삼상교류발전기

하여 두 개씩 짝을 지으면 세 개의 전극 쌍을 얻을 수 있습니다. 여기에 120도의 위상차(χ축을 지나는 순간 파형 간의 위상 차이)를 두고 교류를 발전하고 전송하고 이용하는 시스템입니다.

이 시스템은 효율적일 뿐만 아니라 안정적이었습니다. 웨스팅하우스 회사는 나이아가라 폭포에 세계 최초로 아담스 넘버 원이라는 대형 삼상교류 수력발전 시스템과 전력공급 시스템을 구축하고, 이를 표준화합니다. 지금까지도 전 세계에서 대규모 전력을 전송하고 배전하는 시스템은 대부분 삼상교류 시스템을 적용하고 있습니다. 1892년 제너럴일렉트릭도 웨스팅하우스 회사와 라이벌이었던 톰슨-휴스턴일렉트릭과 합병하면서 교류전송 시스템을 도입합니다.

납축전지의 발명, 전기자동차의 시작

　　프랑스혁명에 성공한 뒤 집권한 나폴레옹과 나폴레옹 3세는 과학기술을 전폭적으로 지원했습니다. 이를 바탕으로 전지와 관련된 학문인 전기화학은 프랑스에서 크게 발전했습니다. 그 결과 프랑스의 물리학자 가스통 플랑테가 세계 최초로 충전이 가능한 2차전지인 납축전지를 발명했습니다. 그 후 조르주 르클랑셰가 볼타전지를 개선해 실생활에 쓸 수 있는 망간전지를 개발하죠.

　　납축전지는 현재까지도 엔진자동차에 쓰이고, 흔히 건전지라고 부르는 망간전지는 장난감이나 리모콘 등의 전원으로 많이 쓰입니다. 알칼리전지는 망간전지의 전해질을 알칼리 용액으로 바꾼 2차전지입니다. 약 150년 전에 발명된 전지가 아직도 일상생활에서 널리 쓰이고 있으니 놀라운 일입니다.

충전이 가능한 납축전지가 개발되고, 전기를 다룰 수 있게 되자 사람들은 전지를 동력으로 이용하는 자동차를 만들기 위한 연구를 시작합니다. 19세기 사람들에게 자동차를 만들어서 편리하게 이동하는 일은 밤에 불을 밝히는 일만큼이나 중요한 문제였으니까요.

납축전지는 음극은 납을, 양극은 이산화납을 쓰며 전해질은 황산입니다. 납축전지에서 전기를 사용하면 납과 이산화납은 황산납이 됩니다. 납축전지는 납과 이산화납의 전기적 위치에너지인 전위차를 이용하여 전류를 생산하는데, 양극과 음극 모두 황산납이 되면 전위차가 없어져 작동을 멈출 테죠. 그런데 여기에 다시 전류를 가하면 황산납은 다시 납과 이산화납으로 되돌아갑니다. 이런 원리를 이용해 전지를 충전했다가 다시 쓸 수 있는 겁니다. 이 납축전지는 지금도 거의 모든 엔진자동차에 장착되어 시동을 켜고, 자동차의 전자장치를 작동시키는 역할을 합니다. 사용하다가 납축전지가 방전되면 엔진을 돌리는 힘으로 발전해서 충전하고요.

최초의 전기자동차는 독일의 발명가 안드레아스 플로켄이 만든 플로켄 엘렉트로바겐으로 알려져 있습니다. 그는 1888년 지붕이 있는 사륜마차 형태에 직류모터와 납축전지를 달아 전기자동차를 만들었습니다. 벤츠가 1885년에 최초의 엔진자동차를 발명했다고 알려져 있으니, 불과 3년 사이에 독일 발명가들이 엔진자동차와 전기자동차를 만든 겁니다. 19세기 말부터 이미 전기자동차와 엔진자동차가 경쟁한 셈입니다. 초기 달리기 성능은 오히려 엔진자동차가 전기자동차를 따라가지 못했습니다. 세계 최초로 시속 100킬로미터를 돌파한 자동차도 전기자동차였죠.

벨기에의 카레이서 카미유 제나치는 로켓 모양의 전기자동차를 만들어 세계 최초로 시속 100킬로미터를 돌파했습니다. 고성능 스포츠카 브랜드로 유명한 포르쉐를 만든 독일의 페르디난트 포르셰도 처음에는 전기자동차를 만들었으며, 세계 최초로 전기와 엔진을 동시에 사용하는 하이브리드 자동차를 만들기도 했습니다. 이후 전 세계적으로 폭발적인 인기를 끈 폭스바겐 비틀을 디자인해 유명해졌고요.

포르쉐는 모든 바퀴가 동력을 가지도록 설계한 고성능 전기자동차를 만들었습니다. 보통 사륜구동이라고 일컫는 시스템으로, 두 바퀴에만 동력이 전달되는 이륜구동 자동차에 비해 성능이나 안정성이 뛰어납니다. 사륜구동은 엔진자동차보다 전기자동차를 만드는 게 훨씬

카미유 제나치가 만든 전기자동차

쉽습니다. 모터가 크지 않기 때문에 바퀴 안에도 모터를 넣을 수 있고, 바퀴마다 모터를 장착하면 모든 바퀴가 각각 동력을 가지는 사륜구동 자동차도 만들 수 있기 때문이죠.

실제 운행한 자동차도 1890년대 후반부터 1900년대 초반까지는 전기자동차가 더 많았습니다. 당시 미국에서 다니는 자동차의 38퍼센트를 차지했다고 합니다. 전기자동차는 엔진자동차에 비해 소음과 진동이 적고, 기어를 바꿀 필요도 없어서 대중적 인기를 얻었습니다. 엔진자동차보다 매우 간단한 구조로 되어 있고요. 런던과 뉴욕에는 전기를 동력으로 사용하는 택시가 돌아다녔고, 수많은 전기자동차 제조사가 생겼습니다.

무수히 많은 발명을 한 에디슨도 전기자동차를 만들었습니다. 에디슨은 전기자동차에 자신이 개발한 니켈철전지를 적용했습니다. 니켈철전지는 철의 산화반응과 니켈산화물의 환원반응을 이용하여 전기를 생산하고, 다 쓰면 전기를 가해 반응을 되돌려 충전해서 다시 사용할 수 있습니다. 과충전(적정량 이상의 전기를 가하여 충전한 상태)에도 매우 안정적이고 수명도 길었고요. 그러나 충전해놓고 시간이 지나면 스스로 방전되는 자가방전과 높은 제조 비용 때문에 실제로 많이 쓰이지는 않았습니다. 니켈철전지를 적용한 자동차도 전지의 무게에 비해 저장할 수 있는 전기에너지가 적어서 한 번 충전으로 갈 수 있는 거리가 짧았고, 충전 시간이 오래 걸리는 단점 때문에 크게 활성화되지 못했습니다. 이는 납축전지를 적용한 전기자동차도 마찬가지였죠.

반면 엔진자동차는 1900년대 초반 전기로 시동을 걸 수 있는 기술이 개발되고, 포드Ford Motor Company가 컨베이어 벨트를 이용한 대량생산에 성공하면서 가격이 낮아지자 대부분의 자동차 시장을 차지하게 됩니다. 엔진자동차가 전기자동차와의 경쟁에서 승리한 또 다른 이유는 기름만 넣으면 달릴 수 있는 편리함 때문이었습니다. 전기자동차는 결국 비용과 편리성 면에서 밀려나고 말았죠. 더욱이 엔진자동차는 때마침 개발된 땅속에서 원유를 뽑아내는 시추기술과 원유를 휘발유, 등유, 경유 등으로 분리하는 정제기술이 같이 발전하면서 자동차 시장을 독차지했습니다. 자동차뿐만 아니라 기차, 선박, 비행기에도 엔진이 적용되면서 전성기를 맞았습니다. 그 전성기는 아직까지도 지속되고 있습니다.

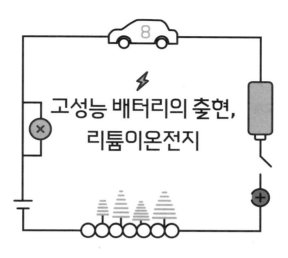

고성능 배터리의 출현,
리튬이온전지

　　1980년대 들어 휴대용 전자 산업이 급속도로 성장하면서 휴대용 전자제품의 전력으로 사용되는 고성능 배터리에 대한 수요도 계속해서 증가했습니다. 하지만 배터리 산업은 전자 산업의 발달에 비해 더뎠습니다. 납축전지는 개발된 지 150년이 넘었고, 볼타전지를 개선한 건전지도 여전히 우리 생활 곳곳에서 쓰이고 있습니다.

　　그러나 에디슨이 개발한 니켈철전지는 별 쓰임새 없이 사라졌고, 계속해서 니켈카드뮴전지, 니켈수소전지 등이 개발되었지만 꾸준히 사용되지는 못했습니다. 니켈카드뮴전지는 인체와 환경에 유해한 카드뮴을 사용해서 문제가 되었습니다. 니켈수소전지는 소형 전자제품 등에 적용되었지만, 큰 부피에 비해서 저장 용량이 작아 새로운 고성능 배터리에 대한 요구가 계속되었죠.

　　정체기에 있던 배터리 산업은 1990년대 초반 리튬이온전지가 개발되면서 한 단계 도약합니다. 현재 2차전지 시장의 대부분을 차지하는 전지입니다. 리튬은 어떤 원소이기에 가장 대중적인 전지가 된 걸까요? 리튬은 원자번호가 3입니다. 원자번호가 3이면 양성자가 세 개입니다. 원자번호 1은 수소, 원자번호 2는 헬륨이죠. 원자의 무게를 나타내는 단위인 원자량은 원자 내에 있는 양성자와 중성자의 개수에 따라 정해집니다. 전자는 양성자나 중성자에 비해서 워낙 가볍기 때문에 무시합니다. 그러면 양성자 한 개만 있는 수소의 경우엔 원자량이 1, 양성자와 중성자를 한 개씩 가지고 있는 수소는 원자량이 2가 됩니다. 리튬의 경우 평균 원자량이 6.941입니다. 이는 세상에 원자량 6인 리튬과 원자량 7인 리튬이 섞여 존재하며, 평균 원자량은 7에 더 가까우니 원자량 7인 리튬이 더 많다는 의미입니다.

　　리튬이온전지는 이전 전지들에 비해서 단위부피에 저장할 수 있는 에너지의 양이 크게 늘었는데, 바로 리튬 때문입니다. 이해를 돕기 위해 전기를 물에 비유하면 전지는 높은 곳에 위치한 물동이라고 할 수 있습니다. 물동이에는 구슬과 물이 들어 있고 꼭지가 달려 있어서 꼭지를 열면 물이 쏟아져 에너지로 쓸 수 있습니다. 물론 구슬은 없이 물만 들어 있으면 더 많은 에너지를 얻을 수 있으니 좋겠죠. 하지만 전기는 그럴 수 없습니다. 물만 들어 있다는 건 전기로 치면 전자만 있다는 말인데, 전자는 − 전하를 띠고 있어서 전하 균형을 이루려면 반드시 + 전하가 필요합니다. 구슬이 + 전하에 해당하는 셈입니다.

물에서 큰 에너지를 얻으려면 물동이는 높은 데 있어야 하고, 구슬은 작아야 합니다. 이러한 상태를 충족하는 물질이 리튬입니다. 금속은 보통 전자를 가지고 있지만, 금이나 백금 같은 귀금속을 제외하면 전자를 가지고 있는 것을 싫어합니다. 따라서 전자를 남에게 던져주려고 하는데 금속마다 전자를 던지는 힘이 다릅니다. 전자를 던지는 힘이 센 금속은 리튬, 나트륨, 칼슘, 칼륨, 세슘 등으로, 그중에서도 리튬이 가장 셉니다. 가장 센 힘으로 던지니까 에너지도 크겠죠. 물동이로 치면 물동이가 가장 높은 곳에 위치한 겁니다.

또 리튬은 수소와 헬륨을 제외하면 가장 작고 가벼운 원소입니다. 리튬의 원자량은 납축전지에 쓰이는 납의 원자량인 207.2의 30분의 1밖에 되지 않습니다. 그러니까 물동이가 높이 올라가 있고, 물동이 속 구슬마저 작고 가벼우므로 이전 전지들과는 비교할 수 없을 정도로 큰 에너지를 저장할 수 있습니다.

그럼 왜 1990년 전에는 리튬이온전지가 개발되지 않았을까요? 리튬이 전자를 던지는 힘이 세다는 것은 장점이지만 그 힘이 지나치게 세기 때문입니다. 다른 말로 하면 반응성이 좋다는 뜻입니다. 리튬은 공기 중에 있는 산소와도 반응하고, 물과도 반응하기 때문에 금속 형태로 존재할 수 없습니다. 공기 중에 리튬금속을 두면 금세 산소나 물과 반응하여 불이 나기 때문에 위험합니다. 그래서 리튬이온전지는 산소와 물이 없는 곳에서 만든 뒤, 밀봉을 잘해서 공기와의 접촉을 차단해야 합니다. 예전에는 밀봉 기술이 뒷받침되지 않아 개발이 안 되다가 1970년대에 들어서야 연구하기 시작했습니다.

리튬이온전지를 처음 개발한 회사는 엑슨모빌^{Exxon Mobil Corporation} 입니다. 엑슨모빌은 미국의 대표적인 석유회사로 1970년대 오일쇼크를 겪으면서 석유가 고갈될 것을 우려하여 재생에너지에 관심을 가졌고, 재생에너지에서 생산된 전력을 저장할 수 있는 리튬이온전지 개발을 시작합니다. 초기 리튬이온전지는 스탠포드대학교에서 초전도체(낮은 온도에서 전기 전도도가 매우 좋아 저항이 제로에 가까운 물질)를 연구하던 스탠리 휘팅엄이 엑슨모빌로 직장을 옮기면서 개발하기 시작했습니다. 휘팅엄은 황화티타늄이 흑연과 마찬가지로 층상구조(물질이 면을 구성하고 그 면이 층층이 쌓여 있는 구조)로 된 물질이며, 층과 층 사이에 리튬이 들어갈 수 있다는 연구결과에서 영감을 얻어 리튬금속을 음극으로 사용하고, 황화티타늄을 양극으로 사용한 리튬이온전지를 개발합니다. 볼타전지처럼 대부분의 전지는 음극과 양극 그리고 전해질로 구성됩니다. 물은 리튬금속과 반응하기 때문에 리튬이온전지의 전해질로 사용할 수 없어 보다 안정된 유기물질에 리튬이온을 녹여서 전해질로 사용했습니다.

이렇게 개발된 휘팅엄의 리튬이온전지는 몇 가지 문제점으로 인해 실생활에 쓰이지는 못했습니다. 첫째 황화티타늄의 가격이 지나치게 비쌌습니다. 전지의 가격은 에너지 저장 정도에 따라서 결정되는데, 저장이 가능한 에너지보다 비싸서 경제성이 없었습니다. 둘째 황화티타늄이 공기와 접촉할 경우 발생하는 황화수소의 냄새는 달걀 썩는 냄새같이 고약하기로 유명합니다. 이를 방지할 수 있는 대책이 없었죠. 셋째 리튬금속을 사용한 전지에 충전과 방전을 반복하면 리튬금속 표면에 곁가지 형태의 리튬금속이 자라나서 음극과 양극이 만나 단락을 일으킵니다. 단락은 서로 접촉하지 말아야 할 전극이 접촉하여 고장 난 상태가 되는 현상입니다. 이런 문제점에도 불구하고 휘팅엄이 개발한 리튬이온전지는 전지의 발전 가능성을 보여주었다는 데 의의가 있습니다.

옥스퍼드대학교에 재직 중이던 존 구디너프는 휘팅엄의 리튬이온전지보다 기술을 한 단계 더 발전시켰습니다. 그는 양극물질로 가격도 비싸고 황화수소가 발생할 수 있는 황화물보다는 안정적 물질인 산화물이 더 적합한 물질이라 예측하고, 코발트, 니켈, 망간 같은 전이금속과 산소가 결합한 물질인 전이금속산화물을 리튬이온전지에 적용합니다. 황화티타늄과 마찬가지로 층상구조를 가지는 리튬 코발트 산화물을 비롯하여 삼차원 기둥구조를 가지는 리튬 망간 산화물과 리튬 철 인 산화물 등을 적용했죠. 이 중 가장 성능이 좋았던 리튬 코발트 산화물을 리튬이온전지에 적용해 상품화했습니다. 구디너프의 리튬이온전지는 휘팅엄이 개발한 리튬이온전지에서 가장 문제였던 양극물질 황화티타늄을 리튬 코발트 산화물로 대체해 실제 쓸 수 있는 수준의 성능으로 향상시켰다는 데 의의가 있습니다.

이제 휘팅엄의 리튬이온전지에서 음극물질인 리튬금속의 단락 문제만이 해결해야 할 숙제로 남았습니다. 이 숙제를 푼 사람은 메이조대학교의 요시노 아키라였습니다. 구디너프가 개발한 리튬 코발트 산화물의 장점 중 하나는 리튬이온이 이미 양극물질에 들어 있기 때문에 굳이 음극물질엔 리튬이 없어도 된다는 겁니다. 아키라는 이 점에 착안하여 음극물질로 리튬이온이 삽입될 수 있는 전도성 고분자인 폴리아세틸렌polyacetylene을 사용합니다. 폴리아세틸렌은 어느 정도 향상된 성능을 보여주었지만 전지의 저장 능력이 너무 작았습니다. 아키라는 폴리아세틸렌 대신 흑연 계열의 탄소물질로 바꾸어 상품화가 가능한 수준의 리튬이온전지를 개발하고 특허를 출원합니다. 음극물질과 양극물질 모두 층상구조의 물질로 대체해 성공한 거죠.

탄소는 앞에서도 설명했듯 결합하는 방식에 따라 부도체도 될 수 있고, 도체도 될 수 있습니다. 전기화학에서 주로 쓰이는 물질은 도체인 흑연구조의 탄소물질입니다. 리튬이온전지의 음극물질로 사용한 탄소는 주로 메조기공 탄소 마이크로비드microbead였는데, 마이크로 크기의 흑연구조 탄소 알갱이 안에 나노 크기의 구멍이 있다는 의미입니다. 즉 머리카락보다 얇은 알갱이 안에 그보다 훨씬 작은 구멍이 있는 흑연입니다. 현재는 좀 더 다양한 물질이 쓰이고 있죠.

탄소물질을 사용함으로써 리튬이온전지의 안정성과 효율성, 에너지 저장 능력이 크게 향상되었습니다. 그리고 이 연구결과를 바탕으로 1990년대 초반 일본 소니가 리튬이온전지의 상품화에 성공합니다. 이때까지만 해도 전자제품에는 일회용 전지를 사용했기 때문에 자주 교체해야 해서 불편했고, 더욱이 한 번 쓰고 버리다 보니 환경에도 좋지 않았습니다. 리튬이온전지는 이러한 일회용 전지의 단점을 줄여주었습니다. 그리고 노트북 컴퓨터와 휴대전화의 전원으로 사용되면서 그 쓰임새가 늘어났죠. 스탠리 휘팅엄, 존 구디너프, 요시노 아키라는 각각 2019년 리튬이온전지의 개념을 확립하고, 기술을 더욱 발전시키고, 실제 제품화한 공로를 인정받아 노벨화학상을 공동 수상했습니다.

친환경 자동차의 시작,
전기자동차의 부활

9

　　1900년대 초반 엔진자동차와의 경쟁에서 밀려 사라졌던 전기자동차는 1990년 미국 캘리포니아주의 환경 규제 덕분에 다시 살아납니다. 캘리포니아 대기환경위원회에서 무공해차 의무화 법안이 통과되었기 때문이죠. 무공해차 의무화 법안은 자동차 회사들에게 캘리포니아주에서 계속 자동차를 판매하려면 배출가스가 없는 친환경 자동차를 일정 비율 이상 생산하고 판매할 것을 강제하는 법안이었습니다.

　　이 법안에 대응하기 위해 미국에서 가장 큰 자동차 회사였던 제너럴모터스General Moters, GM는 1990년 선보인 전기자동차 콘셉트카인 GM 임팩트를 기반으로 EV1을 개발하여 양산하는 데 성공합니다. 초기에 생산된 EV1은 납축전지를 적용해 약 90킬로미터를 주행할 수 있었고,

이후에는 니켈금속 수소전지를 적용해 약 170킬로미터를 주행할 수 있었습니다. EV1은 1996년부터 대량 생산하기 시작했는데, 판매는 하지 않았고 매달 일정한 대여료를 받는 장기 임대 방식으로 시중에 나왔습니다. 당시에는 전기자동차가 엔진자동차와의 경쟁에서 수익을 내기 쉽지 않았기 때문에 이런 장기 임대 형태로 미리 가능성을 살펴본 거죠. 현대자동차도 한때 투싼을 개조한 수소연료전지 자동차를 캘리포니아에서 장기 임대 방식으로 출시했습니다. 당장은 엔진자동차와 경쟁이 안 되니 친환경 자동차의 가능성과 전망을 보고 출시한 겁니다.

EV1을 대여해서 타고 다녔던 소비자들은 대체로 새로운 전기자동차에 만족했다고 합니다. 물론 충전 시간이 오래 걸리고 주행거리가 짧다는 단점이 있지만, 캘리포니아 사람들은 대부분 단독주택에 살면서 차고지를 가지고 있어 충전에 문제가 없었으니까요. 더욱이 한 세대당 차량을 한 대만 보유했다면 전기자동차의 단점이 크게 느껴졌겠지만, 두 대 이상 보유한 사람들에게는 가까운 거리를 다닐 때 타는 차로 별 문제없었던 겁니다. 그럼에도 EV1은 출시된 지 얼마 되지 않아 양산을 중단하고 맙니다.

EV1이 단종된 가장 큰 이유는 자동차 회사들이 무공해차 의무화 법안에 대해 소송하면서 이 법안이 폐기되고, 배출가스 제로인 자동차에서 천연가스 자동차와 하이브리드 자동차를 포함하는 것으로 대체되었기 때문입니다. 자동차 제조기업의 입장에서는 수익이 나지 않는 전기자동차를 계속해서 생산하는 것이 부담일 수밖에 없습니다. 그런데 수익이 발생할 수 있는 천연가스 자동차나 하이브리드 자동차로 대체할 수 있다는 판결이 나오니 당연히 전기자동차 대신 천연가스 자동차나 하이브리드 자동차를 생산하는 것으로 바꾸었겠죠. 이렇게 해서 또다시 전기자동차는 시장에서 사라지고 대신 하이브리드 자동차가 만들어지기 시작합니다.

하이브리드hybrid는 같은 목적을 달성하기 위해 두 가지 이상의 시스템이 결합한 형태를 의미합니다. 그러니까 하이브리드 자동차는 달리는 성능을 만족시키기 위해 엔진과 전기모터를 모두 사용하는 시스템입니다. 하이브리드 자동차를 처음 만든 사람은 포르셰입니다. 그 후 오랫동안 사라졌던 하이브리드 자동차를 다시 개발해 시장에 내놓은 회사는 토요타TOYOTA입니다. EV1이 출시된 지 얼마 안 돼 토요타는 일본에서 프리우스라는 하이브리드 자동차를 출시합니다.

1세대 프리우스는 일본에서만 판매하다가 2000년 이후에는 미국을 비롯한 다른 나라에서도 출시했지만 크게 반향을 일으키진 못했습니다. 그러다가 2003년 2세대 프리우스가 출시됩니다. 휘발유 1리터로 30킬로미터 이상 달리는 효율적인 연비와 저속으로 달릴 때 조용하다는 장점을 가진 데다 2005년부터 시작된 유가 상승으로 미국에서 큰 인기를 얻게 되었죠. 유가는 2008년 여름에 배럴당 130달러까지 치솟았다가 하락했습니다. 이 기간 동안 연비가 좋은 차에 대한 수요가 전 세계적으로 급증하자, 대형 자동차 회사들은 앞다투어 하이브리드 자동차를 개발해 내놓기 시작합니다. 지금까지도 하이브리드 자동차는 자동차 시장의 일정 부분을 차지하고 있죠.

하이브리드 자동차에는 기본적으로 서면 엔진이 멈추고, 필요하면 다시 엔진이 작동하는 스타트–스톱start-stop 시스템이 들어 있습니다. 그리고 브레이크를 밟으면 동력 재생 시스템이 작동하여 전지를 충전해서 효율을 높이죠. 또한 속도에 맞게 동력 전달을 최적화하므로 높은 연비를 가집니다.

하이브리드 자동차는 동력 전달 시스템에 따라 병렬형, 직렬형, 동력 분배형으로 나뉩니다. 병렬형은 전기모터와 엔진이 함께 동력 시스템에 힘을 전달하는 방식입니다. 엔진에는 발전기가 달려 있어서 전기모터에 공급할 전력을 전지에 충전합니다. 직렬형은 전기모터가 주동력원입니다. 엔진은 발전기를 작동시켜 전지를 충전하는 용도로만 쓰이죠. 동력 분배형은 직렬형과 병렬형을 특성에 맞게 모두 사용하는 시스템입니다. 저속으로 달릴 때는 직렬형 하이브리드 방식이 효율적이고, 고속으로 달릴 때는 병렬형 하이브리드 방식이 효율적이기 때문에 속도에 맞춰 직렬형과 병렬형을 오가며 최적의 효율을 얻습니다.

하이브리드 자동차가 연비는 좋지만, 이처럼 시스템이 복잡하기 때문에 더 많은 부품과 에너지가 들어갑니다. 가격도 엔진자동차에 비해 비싸고요. 오랫동안 고장 없이 잘 타면 엔진자동차보다 에너지나 비용 면에서 이득이지만, 그렇지 않다면 오히려 엔진자동차보다 못할 수도 있습니다. 그래서 하이브리드 자동차를 타는 사람은 안전운전을 하고, 자동차를 잘 관리해 오래 타는 것이 더욱 중요합니다.

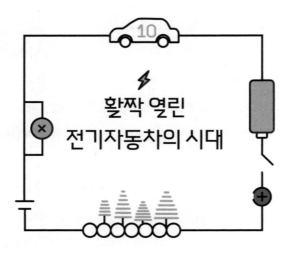

활짝 열린
전기자동차의 시대

EV1 전기자동차의 수명은 매우 짧았지만, 전기자동차 역사에 의미 있는 자취를 남겼습니다. 여러 사람이 이대로 전기자동차가 사라지는 것을 아쉬워했고, 그중 마틴 에버하드와 마크 타페닝이 2003년 전기자동차 제조회사 테슬라Tesla를 만듭니다. 당시 전자지불 시스템인 페이팔로 큰돈을 번 일론 머스크가 이 스타트업 기업에 대부분의 초기 자본을 지원해줍니다. 그리고 얼마 후 머스크가 테슬라의 대표이사가 되었죠.

테슬라의 초기 목표는 전기로 움직이는 스포츠카를 출시하는 것이었습니다. 이들은 EV1의 가속력이 좋기 때문에 여기에 더욱 성능이 뛰어난 배터리 시스템을 적용하면 충분히 전기구동 스포츠카를 만들 수 있다고 생각했습니다. 이러한 생각을 곧바로 실행에 옮기려고 했지만 이들은 자동차 전문가가 아니었습니다. 한 명은 전기공학자, 한 명은 컴퓨터공학자, 또 한 명은 경영학과 물리학을 전공한 사업가였으니까요. 그래서 자동차는 다른 전문기업에서 생산한 제품을 쓰되 내부 구동 시스템만 전기로 바꾸는 제품화를 기획합니다.

테슬라가 선택한 자동차는 영국 로터스Lotus Cars의 엘리제였습니다. 로터스는 스포츠카와 경주용 자동차를 만드는 회사로, 다른 자동차 회사에 엔지니어링 컨설팅 사업도 했습니다. 기아자동차에서 로터스의 앨런을 스포츠카로 만들어서 팔기도 했죠. 테슬라는 엔진만 없는 2인승 스포츠카 엘리제 모델을 들여온 뒤 구동 시스템을 전기로 바꾸어 로드스터를 만듭니다.

전기자동차에서 가장 중요한 시스템 중 하나인 배터리는 일본 파나소닉의 노트북용 리튬이온전지 18650을 그대로 사용했습니다. 18650은 원래 노트북용 배터리였기 때문에 AA 건전지보다 약간 큰 사이즈에 용량도 적었습니다. 테슬라는 전기자동차용 배터리를 새로 만드는 비용이 만만치 않다고 판단하여 18650을 패키지로 묶어 전기자동차용으로 사용했습니다. 로드스터 한 대에 무려 5,000개가 넘는 배터리가 들어갔죠.

배터리 못지않게 중요한 구동 시스템은 모터입니다. 모터는 엔진과 달리 구조가 단순하고, 크기도 작아 엔진 룸 같은 큰 공간이 필요 없습니다. 그래서 보통 엔진자동차의 엔진 룸이 전기자동차에서는 트렁크 공간이 되어 짐을 실을 수 있죠. 테슬라는 빠른 가속력을 구현할 수 있는 강력한 모터를 원했습니다. 이를 위해 니콜라 테슬라가 개발한 삼상교류모터를 사용합니다. 회사 이름을 테슬라로 지은 것도 테슬라가 개발한 삼상교류모터를 사용했기 때문입니다.

삼상교류모터는 직류모터보다 월등히 센 힘을 가지고 있습니다. 앞서 말했듯 일반 교류는 전극이 두 개이며 왔다 갔다 하는 교류의 상이 하나지만, 삼상교류는 전극이 세 개로 두 개씩 짝을 지으면 세 개의 상을 가질 수 있습니다. 그러니까 120도 간격으로 왔다 갔다 하는 교류전기 세 개의 상을 전송할 수 있는 전기 시스템입니다. 이론적으로 단일한 상을 가진 교류보다 세 배나 큰 에너지를 가집니다. 일반 가정에서는 삼상교류 전기를 쓸 만큼 큰 에너지를 사용하는 경우가 거의 없기 때문에 보기 힘들지만, 큰 에너지가 필요한 산업현장에서 많이 사용하고 있죠.

그런데 배터리에서 생성되는 전기는 직류라서 삼상교류모터를 사용할 때는 직류를 교류로 바꿔주는 인버터inverter도 필요합니다. 인버터는 트랜지스터와 저항 등이 들어간 회로로, 직류를 교류로 바꾸고 교류변압기를 이용하여 전압을 맞추는 장치입니다.

이러한 개발 과정을 거쳐 테슬라는 2008년 첫 번째 전기자동차 모델인 로드스터 1.5를 출시했습니다. 로드스터 1.5는 전기자동차로는 획기적이었습니다. 배터리를 완전히 충전하면 390킬로미터를 달릴 수 있고, 248마력의 동력을 가졌으며 제로백(정지 상태에서 시속 100킬로미터에 도달하는 데 걸리는 시간)은 4.76초였습니다. 웬만한 스포츠카와 비교해도 괜찮은 성능이었죠. 1억 원이 넘었지만 시장에서의 반응도 좋았습니다. 이후 로드스터 2.0을 거쳐 출시된 로드스터 2.5는 최고출력 288마력, 자동차의 동력이 엔진 축에 순간적으로 전달되는 힘인 최대 토크는 370뉴튼미터^{Nm}, 제로백은 3.83초였습니다. 이로 인해 많은 사람이 전기자동차의 성능에 놀랐고, 유튜브에서는 로드스터 2.5와 포르쉐가 경주하는 동영상이 많은 조회수를 기록하기도 했죠. 로드스터 2.5의 기술은 테슬라가 처음 독자 모델 S를 개발하는 데 큰 영향을 주었습니다.

로드스터의 성공에 힘입어 테슬라는 독자 모델을 세단형과 레저형 그리고 고급형과 보급형으로 나누어 출시할 계획을 세웁니다. 세단형의 고급형 모델은 모델 S, 세단형의 보급형 모델은 모델 E, 레저형의 고급형 모델은 모델 X, 레저형의 보급형 모델은 모델 Y, 이렇게 SEXY라는 단어에서 알파벳을 하나씩 따서 이름을 정했죠. 그런데 모델 E는 다른 회사에서 이미 상표 등록을 한 바람에 E의 좌우를 뒤집어 모델 3가 되었다고 합니다.

테슬라는 우선 고급형 모델부터 출시하는 전략을 세웠습니다. 고성능 세단형 모델 S를 출시한 다음 고성능 레저형 모델인 모델 X를 출시합니다. 사회에서 영향력 있는 사람들이 비싼 고급형을 타기 시작하면 자연스럽게 홍보가 되어 대중들도 전기자동차에 더욱 많은 관심을 가지게 될 것이라고 생각한 겁니다. 이렇게 해서 전기자동차의 인지도와 시장이 커지면 보급형 모델을 출시하여 판매량을 늘린다는 전략이었죠. 실제로 2016년 보급형 모델 3를 출시하자 판매량이 급증했고, 테슬라의 기업 가치도 빠르게 상승합니다.

또한 테슬라는 기존의 엔진자동차와는 다른 판매 전략을 내세웠습니다. 최대한 소비자가 인터넷에서 자동차를 구매하도록 유도하고, 전시장은 일부러 작게 만들어 마치 전자제품을 둘러보듯이 테슬라의 제품을 구경할 수 있도록 했습니다. 전기자동차 모델도 각 한 대씩만 전시하죠. 소비자가 자동차를 구매하려면 인터넷으로 예약하고 예약금도 걸어야 하지만, 취소는 비교적 간단한 절차만 거치면 할 수 있습니다. 국내에서도 모델 3의 인기가 대단해 지금은 예약을 해놓고 오랫동안 기다려야 제품을 받을 수 있습니다.

2020년 테슬라는 다시 한번 로드스터로 화제를 일으킵니다. 세계 최고 성능의 전기자동차를 만든 겁니다. 엔진자동차 중에는 슈퍼 카라고 불리는 자동차가 있습니다. 어마어마하게 높은 출력을 바탕으로 매우 빠른 가속력과 최고 속도를 자랑하는 차들이죠. 2019년 기준으로 세계에서 가장 빠른 자동차는 부가티의 카이론 슈퍼 스포츠 300+ 모델로, 최고 속도는 시간당 489킬로미터이고 제로백은 2.49초로 알려져 있습니다. 그런데 2020년에 출시한 테슬라의 두 번째 버전 로드스터는 제로백이 2.1초밖에 되지 않습니다. 세계에서 가장 빠른 차보다도 더 빠른 겁니다. 최고 속도도 시간당 400킬로미터가 넘는다고 알려져 있습니다. 다만 시속 400킬로미터로 달릴 수 있는 도로가 거의 없기 때문에 최고 속도는 레이서가 아닌 일반 사람들에게는 별 의미가 없습니다.

로드스터는 주행 가능 거리도 1,000킬로미터가 넘습니다. 그럼에도 새로운 로드스터의 가격은 2억 원대 초반으로 부가티의 슈퍼 카에 비하면 아주 낮습니다.

테슬라는 로드스터를 고성능으로 만들기 위해 앞바퀴에 모터 한 개, 뒷바퀴에 모터 두 개를 달았습니다. 전기자동차의 또 다른 장점이 모터의 크기가 작아 바퀴마다 모터를 달 수 있다는 거였죠. 엔진자동차는 동력을 분배하여 사륜구동 시스템을 만드는 반면 전기자동차는 바퀴마다 모터를 달아 사륜구동 시스템을 만들 수 있습니다. 즉 모든 바퀴가 동력을 얻을 수 있는 자동차입니다. 이에 따라 1800년대 후반 전기자동차의 성능이 엔진자동차를 앞섰던 것처럼, 2000년대에 들어와 다시 전기자동차의 성능이 엔진자동차를 앞서기 시작했습니다.

이제는 엔진자동차를 만드는 회사들에서도 전기자동차의 생산 비중이 점점 높아지고 있습니다. 테슬라 말고도 전기자동차를 만드는 후발 기업들의 활동도 활발하고요. 미국 루시드Lucid Group는 테슬라의 전기자동차 모델보다 더 멀리 주행할 수 있는 자동차를 목표로 전기자동차를 개발했습니다. 미국 리비안Rivian Automotive은 전기모터를 네 바퀴에 모두 적용한 전기 픽업트럭을 개발했죠. 네 바퀴가 각각 구동하기 때문에 회전 반경이 매우 작을 뿐만 아니라, 요즘 트렌드에 맞춰 캠핑을 할 수 있도록 다양한 장비를 넣을 수도 있습니다.

전기자동차 개발은 미국이 주도했지만 전 세계에서 전기자동차가 가장 많이 팔리는 나라는 중국입니다. 그만큼 중국 회사들의 기술력도 높아졌습니다. 중국 회사들이 개발한 기술 중 하나가 배터리 교체형 전기자동차입니다. 니오^{NIO}는 배터리 팩을 자동차 아래에서 자동으로 교체할 수 있는 전기자동차와 배터리 교체 시스템을 개발했습니다. 니오의 전기자동차가 세차장처럼 생긴 룸 안으로 들어가면 바닥의 문이 열리며 기계장치가 올라와 자동으로 배터리를 교체합니다. 운전자는 운전석에 가만히 앉아만 있으면 됩니다.

그런데 새 차를 구입하면 배터리도 새것인데, 배터리를 교체한 뒤 헌것으로 바뀌면 차주 입장에서는 손해입니다. 그래서 니오의 배터리 교체 시스템은 차 가격에 포함되지 않습니다. 전기자동차만 사고 배터리는 빌려서 사용하기 때문입니다. 충전된 배터리를 빌려서 넣고 주행하다가 방전되면 방전된 배터리는 반납하고, 다시 충전된 배터리를 빌리는 시스템입니다. 그러면 전기자동차의 구입 비용도 많이 낮아집니다. 전기자동차의 경우 차 가격의 절반 정도가 배터리 가격인데, 이 비싼 배터리를 구입하지 않아도 되니까요. 배터리 교체에 걸리는 시간은 약 3분 정도로 엔진자동차의 주유 시간과 비슷합니다.

중국 전역에서 운영 중인 배터리 교체 방식의 충전소는 이미 590여 곳이고, 2025년까지 4,000곳으로 늘릴 계획이라고 합니다. 이러한 방식은 특히 택시나 영업용 트럭처럼 주행 시간이 긴 차에 유용한 시스템이 될 겁니다. 더욱이 전기자동차의 가장 큰 단점인 긴 충전 시간을 해결했기 때문에 앞으로 전기자동차 시장에 미치는 영향이 적지 않을 것으로 예상됩니다.

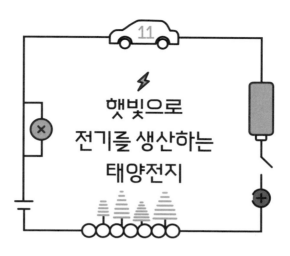

2019년 출시한 현대자동차의 쏘나타 하이브리드 모델에는 태양전지가 적용되었습니다. 자동차 지붕에 태양광 패널을 넣은 솔라루프solar roof를 설치하고 이곳에서 전기를 생산하여 배터리에 저장하는 방식입니다. 이러한 방식으로 연료 1리터당 20.1킬로미터의 매우 뛰어난 복합연비(도심연비와 고속도로 주행연비에 각각 55퍼센트, 45퍼센트의 가중치를 적용해 산출한 연비)를 달성했죠. 2017년 기준 자동차의 평균 복합연비는 15.49킬로미터입니다. 태양전지는 햇빛만 있으면 전기를 생산하기 때문에 전기자동차의 단점인 짧은 주행거리를 보완하는 장치로 적용할 수 있습니다. 아직까지는 기술적 문제와 비용 문제로 태양전지를 전기자동차에 적용하는 경우가 드물지만, 앞으로는 태양전지를 적용한 태양광

전기자동차가 많이 출시될 겁니다.

최초의 태양전지는 1893년 프랑스 물리학자 에드몽 베크렐이 광전효과를 발견한 데서 시작되었습니다. 베크렐은 불과 19세에 아버지의 실험실에서 실험을 하다가 금속 전극과 전해질로 구성된 셀에 빛을 쏘아주면 전류가 흐르는 현상을 발견했습니다. 이후 1883년에는 미국의 발명가 찰스 프리츠가 셀레늄 반도체에 금을 코팅해 1퍼센트의 효율을 가진 태양전지를 만들었습니다. 이후에도 여러 과학기술자가 산화구리를 이용한 태양전지와 카드뮴셀레나이드^{CdSe}를 이용한 태양전지 등에 대한 연구결과를 내놓았지만, 2퍼센트 미만의 낮은 효율로 실용화하기에는 충분하지 않았습니다.

현재 가장 널리 쓰이는 실리콘 타입의 태양전지는 1954년 벨연구소의 연구원들이 발표한 태양전지에 대한 연구결과를 바탕으로 개발되었습니다. 비소(아세닉)를 도핑^{doping}[1]한 n형 실리콘 웨이퍼의 한쪽에 붕소(보론)를 도핑해 p-n접합[2]을 형성한 뒤 광전변환[3] 효율이 4.5퍼센트인 전지였죠. 벨연구소는 전화기를 발명한 알렉산더 그레이엄 벨이 볼타 상을 수상하며 받은 상금으로 설립한 통신 관련 연구소입니다. 그런

1 　전기적으로 성질을 조절하기 위하여 순수한 반도체에 의도적으로 불순물을 넣는 일. 불순물의 종류에 따라 n형 반도체와 p형 반도체로 나뉜다.

2 　n형 반도체와 p형 반도체를 면을 경계로 맞닿도록 만든 구조를 말한다.

3 　광전효과를 이용하여 빛에너지를 전기에너지로 바꾸는 것을 말한다.

데 통신 관련 연구소에서 어떻게 태양전지를 발명하게 되었을까요? 통신에 쓰이는 라디오파와 햇빛이 모두 전자기파이기 때문입니다.

전자기파는 파장에 따라 크게 감마선, 엑스선, 자외선, 가시광선, 적외선, 마이크로파, 라디오파로 나뉩니다. 감마선과 엑스선은 파장이 짧고 에너지가 센 전자기파로 주로 의료용으로 사용합니다. 자외선, 가시광선, 적외선은 우리가 매일 보는 햇빛입니다. 마이크로파는 전자렌지에서 사용하는 전자기파이고, 라디오파는 라디오 통신에서 주로 사용하고요. 벨연구소의 시작은 전화였지만 전화기의 신호를 증폭해 전선을 통해 멀리 보내거나 무선으로 신호를 보내는 방식 등을 연구했기 때문에 전자기기의 발전에 커다란 업적을 세웠습니다. 라디오, 텔레비전, 심지어 컴퓨터까지 벨연구소의 연구개발이 밑바탕이 되었다고 할 수 있을 정도입니다.

자기장과 전류에 관한 법칙으로 유명한 존 플레밍은 초기 다이오드diode[4]인 이극진공관이 라디오파를 감지할 수 있다는 사실을 알아냅니다. 이극진공관은 금속과 반도체 접점 다이오드를 거쳐 p-n접합 다이오드로 발전합니다. p-n접합 다이오드란 반도체물질인 실리콘에 전자가 많은 인 같은 물질을 소량 넣어주면 전자가 잘 흐르는 n형 반도체가 되고 전자가 적은 갈륨 같은 물질을 소량 넣어주면 p형 반도체가 되

---

4 전류가 한방향으로만 흐르도록 제어하는 반도체 소자를 말한다. 휴대전화, 컴퓨터, 텔레비전 같은 전자제품에 반드시 들어가는 장치이다.

는데, 이를 붙여놓은 것을 말합니다. 마이크로파나 라디오파에 이러한 p-n접합 다이오드를 노출시키면 전자기파에서 나오는 전자기력의 영향을 받아 소량의 전류가 흐르게 됩니다.

앞서 전기발전기의 원리를 알아내고 직류모터를 개발했다고 소개한 마이클 패러데이는 빛과 자기장 사이의 상관관계를 처음 알아내기도 했습니다. 패러데이는 50세가 넘은 나이에 자기광학효과와 반자성에 대해 알아냅니다. 자기광학효과는 외부 자기장에 의해 빛이 회전하거나 굴절각의 변화가 생기는 등의 광학적 특성으로, 빛과 자기장 사이에 전자기적 힘이 작용한다는 사실을 보여줍니다. 그런데 마이크로파나 라디오파보다 에너지가 더욱 큰 전자기파인 햇빛을 쏘아주면 어떻게 될까요? 더 많은 전류가 흐르겠죠. 벨연구소의 대릴 채핀, 칼빈 플러, 제럴드 피어슨은 이러한 사실을 발견하고, 1954년 포토셀photocell이라는 첫 실리콘 태양전지를 만들었습니다.

이후 이집트의 엔지니어 모하메드 아탈라가 열처리를 통해 실리콘 표면을 산화시켜 이산화실리콘을 얇게 형성시키는 공정을 개발함으로써 태양전지의 효율을 향상시킵니다. 반도체 표면에 반도체물질이 아닌 산화물을 형성하는 공정을 패시베이션passivation이라고 하는데, 현재까지도 고효율 태양전지를 만들기 위해서 꼭 필요한 공정입니다.

초기 태양전지는 가격이 비싸 일반적인 전력 생산에는 거의 사용하지 못했습니다. 다른 방식으로 전력을 생산하기 어려운 인공위성이나 우주선 등에 사용되었죠. 우주에서는 햇빛이 지구 표면에서보다 강하고, 날씨의 영향을 받지 않기 때문에 태양전지가 가장 좋은 발전 수단이 될 수 있습니다. 1958년 인공위성 뱅가드 1호에 호프만전자에서 제조한 태양전지를 장착해 쏘아 올리면서 태양전지가 실용화되기 시작했습니다. 지금도 대부분의 인공위성과 우주선이 태양전지를 사용합니다.

우주가 아닌 지상에서 태양전지를 발전 수단으로 고려하기 시작한 것은 1970년대 발생한 오일쇼크 때문입니다. 오일쇼크는 중동전쟁과 밀접한 연관이 있습니다. 1948년 이스라엘이 팔레스타인에서 독립한 이후, 이스라엘과 아랍의 여러 나라 사이에 벌어진 전쟁이었죠. 1년 후 휴전했지만 1973년 이집트와 시리아가 전쟁으로 잃었던 영토를 회복하기 위해 이스라엘을 기습 공격하면서 다시 시작되었습니다. 국제 정세는 위태로워지고, 이를 계기로 아랍의 산유국들이 석유무기화 정책을 시작하면서 원유 가격이 갑자기 네 배 이상 치솟습니다. 이것이 1차 오일쇼크입니다. 1978년 이란혁명 등의 영향으로 산유량이 급격히 줄면서 또다시 원유 가격이 두 배가량 치솟는데, 이것이 2차 오일쇼크입니다.

두 번의 오일쇼크를 겪으면서 에너지가 나라의 안보에 큰 영향을 준다는 사실을 깨달은 여러 나라가 이를 계기로 에너지 다변화 정책을 실시합니다. 프랑스는 대규모 원자력발전소를 건립했고, 여러 기업에서 태양전지를 전력원으로 사용하는 것을 검토했죠. 하지만 당시 매우 비싼 태양전지로 값싼 전력을 생산하는 일은 경제성이 낮았습니다. 그 후 오랫동안 태양전지는 전력발전용으로 쓰이지 못했습니다.

태양전지를 이용한 태양광발전

태양전지가 지상에서 전력발전용으로 쓰이기 시작한 계기는 체르노빌 원자력발전소 사고였습니다. 이 사고는 1986년 우크라이나 체르노빌 원자력발전소의 원자로가 폭발하면서 발생한 방사능 누출 사고입니다. 2011년 일본의 후쿠시마 원자력발전소 사고와 함께 손꼽히는 최악의 방사능 누출 사고입니다. 체르노빌 원전 사고 때문에 원자력발전의 위험성이 알려졌고, 그중 우크라이나와 지리적으로 가까웠던 독일은 에너지 다변화 정책의 하나로 태양광발전 산업을 선택합니다. 태양광발전 산업은 태양전지를 이용해 전력을 생산하는 산업입니다. '1,000개의 지붕'이라고 불린 이 사업은 1,000개의 지붕에 태양전지를 설치해 전력을 생산하는 것을 목표로 시작되었습니다. 이때부터 태양광발전 산업이 성장하기 시작합니다. 태양광은 대표적인 재생에너지로 태양광 발전은 탄소중립 사회를 구현하는 데 꼭 필요한 기술이며, 원자력발전보다도 탄소 배출량이 적은 친환경 발전 산업입니다.

1990년대부터 30여 년 동안 태양광발전 산업은 해당 분야 전문가들도 놀랄 만한 속도로 발전해왔으며, 지난 10년 동안 전 세계 태양광 발전 산업은 연평균 성장 속도가 35퍼센트를 넘습니다. 2019년 말 전 세계 누적 태양광 용량은 591기가와트이고, 연간 태양광 모듈을 이용한 생산 용량은 184기가와트이며, 출하량은 약 125기가와트였습니다. 보통 4인 가족 한 세대가 약 3킬로와트의 태양광발전이면 전력을 충당할 수 있는데, 591기가와트면 전 세계 약 2억 세대가 태양전지로 전력을 충당할 수 있는 양입니다. 이러한 엄청난 성장은 태양전지의 제조 비용이 급감하고, 꾸준히 효율이 상승한 데다 태양광발전 기술도 향상되었기 때문입니다. 더욱이 각국에서 실시한 재생에너지 보급 정책이 크게 기여했죠.

현재 태양광발전 시장을 주도하고 있는 태양전지는 실리콘 웨이퍼silicon wafer를 사용하는 태양전지입니다. 실리콘 웨이퍼는 반도체를 생산할 때 쓰이는 실리콘 웨이퍼와 같습니다. 실리콘 태양전지를 만들려면 우선 실리콘 잉곳ingot을 만들어야 합니다. 우리말로는 실리콘 단괴라고도 하는데, 실리콘을 녹여 만든 긴 덩어리입니다. 이것을 아주 단단한 다이아몬드 톱으로 자르면 실리콘 웨이퍼가 되죠.

이 실리콘 웨이퍼에 전자가 많은 물질이 도핑되어 있으면 n형 실리콘 웨이퍼가 되고, 전자가 적은 물질이 도핑되어 있으면 p형 실리콘 웨이퍼가 됩니다. 앞서 벨연구소에서 처음 태양전지를 만들 때는 아세닉Asenic이 도핑된 n형 실리콘 웨이퍼의 한쪽에 보론Boron을 도핑하여 p-n 접합으로 약 4.5퍼센트의 효율을 가진 태양전지를 만들었다고 했죠.

　그럼 태양전지의 효율은 어떻게 결정할까요? 태양전지의 효율은 태양전지가 받는 햇빛에너지를 100이라고 할 때, 생산한 전기의 양을 퍼센트로 나타낸 수치입니다. 즉 4.5퍼센트의 효율을 가졌다고 하면, 햇빛에너지 100을 쏘여주었을 때 4.5만큼의 전기에너지를 생산한다는 뜻입니다. 하지만 햇빛의 세기는 항상 달라서 100이라는 햇빛의 세기를 정해주어야 합니다. 그래서 태양전지의 효율은 태양전지 표준 시험 조건에 의한 환경Standard Test Condition, STC에서 측정합니다. 전지 온도는 섭씨 25도, 에어매스Air Mass, AM는 1.5인 상태에서 1,000와트에 해당하는 햇빛 전자기 스펙트럼을 쏘아주며(햇빛 전자기 스펙트럼은 1선) 측정한 효율을 의미합니다. 여기서 에어매스란 대기권의 오존, 이산화탄소, 물 등과 같은 물질에 의한 흡수와 반사, 굴절을 통해 햇빛이 지구 표면에 도달할 때까지 감소되는 정도입니다. 대기권 밖의 에어매스는 0, 지구 표면에 햇빛이 수직으로 도달하면 에어매스는 1이 되고, 에어매스 1.5는 지구 표면에 48.19도 기울어진 상태로 도달하는 빛이죠.

　처음에는 n형 실리콘 웨이퍼를 이용해서 태양전지를 만들었지만, 이후 대부분의 태양전지는 실리콘 잉곳을 만들기 쉬운 형태인 p형 실리콘 웨이퍼를 이용해서 만들어졌습니다. 그러다가 최근에는 잉곳을 만드는 기술이 발전했고, 보다 높은 고효율이 필요해지면서 다시 n형 실리콘 웨이퍼를 이용한 태양전지가 시장을 확대하고 있습니다. 태양전지의 가격은 2010~2020년 사이에 연평균 15퍼센트 이상 꾸준히 감소해, 1선sun의 조건에서 1와트의 전력을 생산할 수 있는 태양전지의 가격이 2020년에는 약 0.2달러 정도였습니다. 우리 돈으로 약 240원 정도입니다. 태양전지는 보통 모듈 한 개의 용량이 300와트 정도입니다. 한 가정에 전력을 공급하기 위해서는 열 개의 모듈을 붙인 태양전지 3킬로와트를 설치해야 하니까 약 72만 원 정도 됩니다.

물론 태양광발전을 하려면 태양전지를 설치해야 할 구조물과 인버터 등의 비용이 추가로 들고, 인건비도 들기 때문에 실제 비용은 훨씬 더 많이 듭니다. 그러나 태양전지 가격만을 고려하면 매우 싼값이죠. 한 달에 전기세로 5만 원을 소비한다고 하면 1년에 60만 원을 지출해야 하는데, 태양전지 3킬로와트를 설치하면 전기세를 거의 내지 않으니 몇 년만 지나면 손익분기점을 넘어설 수 있습니다. 햇빛이 잘 드는 남향의 단독주택을 가지고 있다면 태양전지를 설치하는 것이 매우 유리합니다.

이렇게 태양전지 가격이 낮아졌는데도 왜 전기자동차에는 태양전지를 사용하지 않을까요? 우선 실리콘 태양전지는 무겁고 단단해서 휘지 않기 때문입니다. 실리콘 태양전지에 쓰이는 웨이퍼는 너무 얇게 만들면 깨지기 쉬워서 어느 정도 두께가 있어야 하고, 두껍기 때문에 무게가 나갑니다. 태양전지를 보호하기 위해 유리까지 붙이면 무게는 더욱 많이 나가죠. 게다가 단단하기 때문에 곡면에 적용하기 쉽지 않습니다.

　이렇게 무게가 많이 나가고 휘지 않는 성질은 자동차에 적용하기에 가장 안 좋은 조건입니다. 최근 제조되는 자동차는 모든 면이 곡면이므로 휘지 않으면 사용하기 어렵고, 무게가 많이 나가면 자동차 연비를 떨어뜨려 그다지 효용성이 좋지 않기 때문입니다.

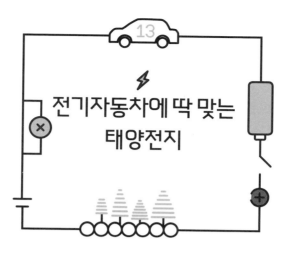

태양광발전을 위한 태양전지는 미래 친환경 에너지로서 중요성이 큰 만큼 지금까지 매우 다양한 종류가 개발되었습니다. 재료에 따라 실리콘 태양전지를 시작으로 비소화갈륨^{GaAs}, 황화구리인듐갈륨^{CIGS}, 텔루륨화카드뮴^{CdTe} 등 반도체물질을 적용한 태양전지가 개발되었습니다. 또한 옷에 물감을 들이는 염료를 이용한 염료감응형 태양전지, 전도성 유기고분자 등을 이용한 유기태양전지 그리고 황화카드뮴^{CdS}과 황화납^{PbS} 양자점(점 형태의 초미세 반도체 구조물)을 이용한 양자점 태양전지, 페로브스카이트 구조의 메틸암모늄요오드화납^{CH_3NH_3PbI_3}을 이용한 페로브스카이트 태양전지 등이 나왔습니다.

이처럼 다양한 태양전지 중에서 결정질 실리콘 태양전지와 삼오Ⅲ-Ⅴ족 태양전지에 속하는 비소화갈륨 태양전지는 반도체 제조공정에 쓰이는 것과 같은 웨이퍼를 사용하여 제조하기 때문에 가볍고 휠 수 있도록 만드는 일이 쉽지 않습니다. 비소화갈륨 웨이퍼를 적용하는 삼오족 태양전지는 다른 태양전지에 비해 매우 높은 효율을 가지는데, 이렇게 높은 효율을 내기 위해 p-n접합을 여러 개 형성하므로 다중접합 태양전지라고도 합니다. 결정질 실리콘 태양전지와 삼오족 태양전지 말고 다른 태양전지는 대부분 얇은 금속기판이나 투명 전도성기판인 ITO 필름 등에 얇게 코팅할 수 있기 때문에 얇고 가벼우며 휠 수 있게 만들 수 있죠. 이렇게 얇게 코팅해서 제조하는 태양전지는 한자로 얇을 박薄 자를 써서 박막태양전지라고 부릅니다.

대표적인 박막태양전지로는 CdTe 태양전지, CIGS 태양전지, 페로브스카이트Perovskite 태양전지가 있습니다. CdTe 태양전지는 카드뮴을 사용하기 때문에 국내에서는 개발도 판매도 되지 않지만, 미국과 유럽을 중심으로 상용화에 성공했습니다. CdTe 태양전지는 디스플레이 패널과 마찬가지로 일반적으로 공장에서 유리에 증착[5] 과정을 거쳐 제조하고, 인라인In-Line 공정[6]으로 몇 시간 안에 완성할 수 있어서 제조 비용이 낮다는 장점이 있습니다. 효율은 꾸준히 증가하고, 생산 단가는

---

5 진공 상태에서 금속이나 화합물 등을 가열해 증발시켜 그 증기를 물체 표면에 얇은 막으로 입히는 일이다.

6 반도체 제조 라인의 각종 작업을 하나의 연속 공정으로 처리하는 것을 가리킨다.

꾸준히 감소하고, 가볍고도 얇으면서 휠 수 있게 만들 수 있기 때문에 자동차에 적용하기 적합하지만 문제는 카드뮴의 독성입니다.

CdTe 태양전지의 주성분인 카드뮴은 인체에 매우 유해한 물질로 잘 알려져 있죠. 카드뮴이 체내에 축적되면 신장 기능에 이상이 생기고, 칼슘이 부족해지면서 아주 약한 힘에도 뼈가 골절되어 결국 죽음에 이르는 이타이이타이병에 걸리기 쉽습니다. 일본의 아연광산에서 카드뮴을 그대로 강에 버려 주변에 거주하는 사람들이 병에 걸렸고, 이 병에 걸린 사람들이 일본말로 아프다는 뜻인 '이타이, 이타이'라고 말하며 고통을 호소해 이러한 병명이 붙었다고 합니다.

현재는 태양전지의 밀봉 기술이 발달했고, 다 쓴 태양전지는 회수해서 카드뮴을 재처리하면 된다고 생각하기 때문에 미국이나 유럽에서는 CdTe 태양전지를 제조해 판매하고 있습니다. 최근에는 가볍다는 장점을 살려 건물의 옥상뿐만 아니라 벽체에도 건자재처럼 일체형으로 붙이는 건물 일체형 태양광 시스템에도 적용하고 있고요. 하지만 만약 자동차 사고가 나서 태양전지가 부서진다면 카드뮴이 도로를 오염시킬 수 있어 문제가 생깁니다. 따라서 현재로서는 자동차에 적용하기 쉽지 않습니다.

1970년대 중반에 최초로 개발된 CIGS 태양전지는 일반적으로 구리, 인듐, 갈륨, 황(혹은 셀레늄)으로 구성됩니다. 햇빛에 안정적이고 햇빛을 잘 흡수하는 특징을 가지고 있어 태양전지에 매우 적합한 물질입니다. 특히 CIGS는 얇은 금속기판에 제조할 수 있기 때문에 가볍고 얇으면서 휠 수 있도록 만드는 데 유리합니다. 금속기판에 제작할 경우 1제곱미터의 크기로 만들면 효율이 18.6퍼센트 정도 됩니다. 제품화된 결정질 실리콘 태양전지의 효율이 약 20퍼센트임을 감안하면 꽤 괜찮은 수준입니다.

하지만 CIGS 태양전지에도 단점이 있습니다. 태양전지는 앞에서도 설명했듯이 p형 반도체물질과 n형 반도체물질이 접합을 이룬 형태입니다. CIGS 태양전지에서 p형 반도체물질은 CIGS를 쓰고, n형 반도체물질은 황화카드뮴을 주로 사용합니다. 양은 적지만 CdTe 태양전지와 마찬가지로 카드뮴이 들어 있는 거죠. 최근에는 황화카드뮴이 없는 CIGS 태양전지가 개발되면서 환경친화적 CIGS 태양전지의 상용화도 가능성이 열려 있기는 합니다.

또 다른 문제점은 구리, 갈륨, 인듐, 황을 넓은 면적에 고르게 코팅하는 일이 쉽지 않다는 겁니다. 기술의 난도가 높아서 고성능 장비를 사용해야 하나 생산 효율은 좋지 않습니다. 따라서 실리콘 웨이퍼 태양전지나 CdTe 태양전지에 비해 생산 비용이 높습니다. 현재 휘거나 구부릴 수 있는 플렉시블 CIGS 태양전지 제품을 판매하는 회사로는 미국 어센트 솔라Ascent Solar가 있고, 독일 아반시스Avancis와 일본 솔라프론티어Solar Frontier는 판유리 형태의 CIGS 태양전지를 판매하고 있죠. 국내에서도 몇몇 기업이 생산을 시도했지만 실제 성공한 기업은 없습니다.

페로브스카이트 태양전지는 아직 실용화에 성공하지는 못했지만 전도유망한 태양전지입니다. 19세기 러시아 광물학자인 레브 페로브스

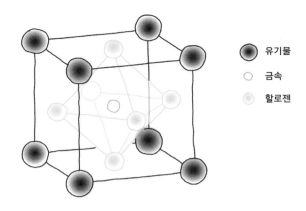

유기물
금속
할로젠

페로브스카이트 ABX$_3$ 구조

키가 발견한 광물의 구조인 **ABX$_3$** 구조를 페로브스카이트라고 부릅니다. 페로브스카이트 태양전지에는 메틸암모늄요오드화납^{CH_3NH_3PbI_3} 또는 포름아미디늄요오드화납$^{HC(NH_2)_2PbI_3}$이 쓰입니다. 이 물질의 구조가 페로브스카이트 구조라서 페로브스카이트 태양전지라고 부르죠. 메틸암모늄요오드화납은 햇빛을 잘 흡수하여 전자와 정공(전자가 있던 자리에 전자가 이동해 생긴 구멍)을 잘 형성하고, 형성된 전자나 정공이 잘 이동하기 때문에 태양전지 물질로 적합합니다.

페로브스카이트 태양전지는 2009년 메틸암모늄요오드화납을 감응제로 적용한 액체 전해질을 기반으로 하는 염료감응형 태양전지와 유사한 구조라는 사실이 처음 보고되었으며, 이때만 해도 낮은 효율과 얼마 지나지 않아서 망가지는 불안정성 때문에 많은 관심을 받지는 못했습니다. 그러나 2012년에 페로브스카이트 물질을 단순히 광을 흡수할 뿐만 아니라 정공의 이동도 가능한 정공전도체로 적용하면 10퍼센트 근처의 효율 값을 가진 페로브스카이트 태양전지를 제조할 수 있다는 사실이 알려지면서 연구개발이 폭발적으로 증가했죠. 지금까지 약 10년의 연구 기간 동안 효율이 25.2퍼센트 수준으로 급등했으며, 한국화학연구원을 비롯한 우리나라의 연구기관에서 지난 수년 동안 세계 최고 효율을 달성했습니다.

페로브스카이트 태양전지는 안정성이 좋지 않다는 단점이 있습니다. 태양전지는 야외에서 햇빛을 받아도 견뎌야 하는데, 아직까지 오랫동안 견디는 페로브스카이트 태양전지는 나오지 않았습니다. 실리콘 태양전지가 25년 이상 작동하는 상황에서 적어도 10년 넘게 작동할 수 있는 페로브스카이트 태양전지의 개발이 필요합니다. 또 다른 단점은 납을 사용한다는 겁니다. 납은 카드뮴에 비하면 독성이 적고, 자동차용 배터리에도 납축전지가 쓰이고 있지만 인체에는 좋지 않기 때문에 되도록 안 쓰는 것이 좋습니다.

현재 우리나라의 태양광 태양전지 제조기업인 한화큐셀에서 페로브스카이트 태양전지와 실리콘 태양전지를 복합화하는 하이브리드(태양전지 분야에서는 탠덤Tandem이라고 함) 태양전지를 연구하고 있습니다. 우리나라 기술이 다른 나라에 비해 앞선 상황이고, 매우 낮은 가격으로 만들 수 있기 때문에 폭넓은 연구개발을 통해 꼭 제품화에 성공하면 좋겠습니다.

박막태양전지의 장단점과 연구개발 상황을 종합해보면, 지금 상황에서 자동차에 적용할 가능성이 가장 높은 배터리는 CIGS 태양전지입니다. CIGS 태양전지는 효율이 18퍼센트 수준으로 실리콘 태양전지에 버금가고, 가벼운 플렉시블 CIGS 태양전지는 이미 어센트솔라에서 판매되고 있으므로 비용 문제만 해결하면 충분한 가능성이 있습니다.

그럼 CIGS 태양전지를 자동차에 적용할 경우 전력을 얼마나 생산할 수 있을까요? 전기자동차에 태양전지를 설치할 수 있는 곳은 실질적으로 자동차 지붕과 앞 트렁크(엔진 룸 부분), 뒷 트렁크의 뚜껑입니다. 자동차마다 조금씩 다르겠지만 태양전지를 설치할 수 있는 면적은 대략 가로 1미터, 세로 2미터 정도 됩니다. 18퍼센트 효율의 플렉시블 CIGS 태양전지를 설치하면, 기준 햇빛인 1선을 쏘아줄 때 1제곱미터당 180와트의 전력을 생산하므로 총 360와트의 전력을 생산합니다. 하지만 날씨가 아주 좋아야만 야외에서 1선의 빛을 얻을 수 있습니다. 게다가 밤이 되면 햇빛이 사라져서 전기를 생산할 수 없죠.

또한 지역마다, 계절마다 햇빛의 세기가 다르기 때문에 이러한 조건을 모두 고려한 이용률이라는 개념을 적용합니다. 이용률은 1선의 햇빛을 비출 때 생산할 수 있는 총전력에 대비해 실제로 태양전지를 설치했을 때 생산하는 전력의 비율입니다. 일반적으로 태양전지를 설치하고 몇 년 동안 얻은 전력 생산량을 합산한 뒤 이용률을 계산합니다. 따라서 그 지역의 이용률을 알면 태양전지를 설치할 경우 1년 동안 얼마나 전력을 생산할 수 있을지 예측할 수 있습니다. 우리나라에서 이용률이 제일 좋은 지역은 전라남도의 해안가 지역으로 15퍼센트가 넘습니다. 목포를 비롯하여 신안군, 무안군, 해남군 등의 지역이죠.

이용률이 가장 좋지 않은 지역은 서울로 13퍼센트 정도 됩니다. 아마도 날씨뿐 아니라 미세먼지의 영향 때문이라고 추측됩니다. 일사량이 좋은 부산은 오히려 이용률이 전라남도 지역보다 조금 낮은데, 평균기온이 높기 때문입니다. 태양전지는 온도가 높아지면 도리어 효율이 떨어지는 특성이 있습니다. 그렇지 않은 태양전지도 있지만 현재 제품으로 나온 대부분의 태양전지는 효율이 온도와 반비례합니다. 결국 일사량은 높으면서 온도는 낮아야 많은 전력을 생산할 수 있습니다. 그래서 해가 가장 오랫동안 떠 있는 여름이 가장 좋을 것 같지만, 1년 중 가장 많은 전력을 생산하는 달은 4월입니다.

이용률이 15퍼센트라고 가정하고 전력 생산량을 계산해보죠. 전기자동차 가로 1미터, 세로 2미터 면적에 18퍼센트의 효율을 가진 태양전지를 설치할 경우 1년 동안 생산하는 전력량은 360와트×8,760시간×15퍼센트＝473,040와트시(=473킬로와트시)입니다. 전력은 힘의 개념으로 단위는 와트^{W}이고, 여기에 시간을 곱하면 전기가 한 일의 총량인 전력량이 됩니다.

473킬로와트시의 전력량으로 전기자동차는 얼마나 달릴 수 있을까요? 기아자동차의 EV6를 기준으로 연비는 약 5킬로와트시당 5킬로미터 정도 됩니다. 따라서 약 2,365킬로미터를 달릴 수 있습니다. 태양전지를 설치하면 1년에 2,365킬로미터를 충전하지 않고도 달릴 수 있으니 나쁘지 않습니다. 그러나 자동차가 늘 야외에 나와 있지 않고, 그늘진 곳에 주차할 경우 전력 생산이 어렵다는 점을 고려하면 실제로 태양전지로 달릴 수 있는 거리는 줄어듭니다.

전기자동차의
단점을 해결할
전고체배터리

현재 전기자동차의 가장 큰 단점은 짧은 주행거리와 느린 충전 속도입니다. 이 두 가지 단점은 모두 리튬이온전지가 지닌 성능의 한계 때문입니다. 리튬이온전지도 배터리의 기본 구조인 양극, 음극, 전해질로 구성되어 있습니다. 그리고 음극과 양극이 만나지 않도록 분리해주는 분리막이 추가로 들어가 있죠. 음극은 탄소물질을 사용하는데, 충전이 되면 탄소 내 리튬이온이 리튬금속 형태로 삽입됩니다. 리튬금속은 설명했듯이 반응성이 매우 높아서 물이나 산소와 만나면 급격한 산화반응이 일어나 불이 붙습니다. 그래서 전기화학적으로 안정성이 매우 높은 에틸렌카보네이트, 프로필렌카보네이트, 디메틸카보네이트, 에틸메틸카보네이트 등을 전해질 용액으로 사용합니다.

이러한 물질은 기본적으로 탄화수소 계열의 유기물질이며, 불에 타는 성질을 가집니다. 게다가 분리막으로 사용되는 다공성 고분자물질도 불에 타는 성질이 있습니다. 그래서 리튬이온전지는 공기 중의 산소나 수분과 만나지 않도록 잘 밀봉합니다.

그렇지만 모든 제품을 완벽하게 밀봉할 수는 없기 때문에 가끔 전기자동차에서 불이 났다는 뉴스가 납니다. 화재의 원인은 자동차 사고 때문일 수도 있고 제조 결함 때문일 수도 있습니다. 리튬이온전지를 장착한 전기자동차는 한 번 불이 나면 끄기가 아주 어렵습니다. 리튬금속이 모두 반응해야 불이 꺼지니까요. 그래서 전기자동차에 불이 나면 엔진자동차의 불을 끌 때보다 열 배의 물이 필요하다고 합니다. 한 대의 소방차만 출동하면 불을 끌 수 있는 엔진자동차에 비해서 여러 대의 소방차가 출동해야 불을 끌 수 있는 전기자동차는 화재가 나지 않도록 배터리 제조 과정에서부터 조심해야 합니다. 무엇보다 밀봉을 잘하고, 화재를 방지하는 여러 기술을 적용해야 하죠.

리튬이온전지 산업을 주도하고 있는 LG에너지솔루션은 분리막에는 산화물을 코팅하고, 전해질에는 여러 가지 첨가제를 넣어 화재를 방지하고 있습니다. 삼성SDI와 SK이노베이션도 화재를 방지하기 위한 다양한 기술을 적용하고 있죠. 다행히 이러한 화재 방지 기술의 발달에 힘입은 덕분인지 전기자동차의 화재 발생 비율은 엔진자동차보다 60배 이상 낮습니다. 미국 자동차보험 비교 사이트(AutoinsuranceEZ. com)에 따르면, 자동차 10만 대당 화재 발생 비율은 하이브리드 자동차가 3474.5건, 가솔린자동차가 1529.9건인데 비해 전기자동차는 25.1건에 불과합니다.

전기자동차는 연소반응을 이용하지 않기 때문에 연소반응을 이용하는 엔진자동차에 비해서 화재가 덜 나는 것으로 파악하고 있습니다. 엔진과 배터리를 모두 사용하는 하이브리드 자동차는 시스템이 복잡하기 때문에 더 많은 화재가 발생하고요. 아무리 엔진자동차보다 화재가 덜 발생한다고 하더라도 한 번 화재가 발생하면 피해가 심각한 전기자동차의 특성상 아주 조심해야 합니다.

전기자동차의 느린 충전 속도도 이와 무관하지 않습니다. 보통 리튬이온전지 시스템에는 배터리 관리 시스템Battery Management System, BMS이 들어 있습니다. 배터리의 전압과 전류 그리고 온도 등을 실시간으로 모니터링하고, 과도한 충전과 방전을 막는 시스템입니다. 그리고 에너지 효율과 배터리 수명을 연장하기 위해 충전 속도를 조절하죠. 고속충전기가 개발되어 있지만 여러 가지 이유로 배터리 충전을 빨리하기는 어렵습니다.

이런 문제를 해결할 수 있는 기술이 있습니다. 바로 전고체배터리입니다. 전고체배터리는 배터리의 액체 전해질을 고체로 만든 겁니다. 불에 탈 수 있는 유기용매를 사용하지 않기 때문에 기본적으로 리튬이온전지보다 안정성이 높습니다. 고온 안정성과 내열성이 뛰어나 이론적으로 폭발이나 발화 가능성을 크게 낮출 수 있죠. 따라서 고속충전이 더 쉬워집니다.

전고체배터리의 또 다른 장점은 패키징을 하기 때문에 높은 에너지밀도를 구현할 수 있다는 겁니다. 리튬이온전지는 액체 전해질을 사용하기 때문에 밀봉이 어려워서 여러 개의 셀을 하나의 전지 안에 쌓지 못하고, 하나하나 따로따로 만들어서 연결해야 합니다. 전기자동차를 운전하려면 400~800볼트의 고전압이 필요하므로 매우 많은 전지를 직렬 연결해야 원하는 전압을 얻을 수 있죠.

하지만 고체 전해질을 사용하면 여러 개의 셀을 하나의 전지 안에 넣기 쉽습니다. 음극-전해질-양극-음극-전해질-양극, 이렇게 차례대로 쌓으면 높은 전압도 쉽게 구현하고, 밀봉재와 액체 전해질이 차지하던 부분을 줄일 수 있기 때문에 에너지밀도도 높일 수 있습니다. 전지를 처음 만들었던 볼타도 높은 전압을 구현하기 위해서 이런 방식으로 볼타파일을 제작했습니다.

전고체배터리는 자동차 사고가 났을 때 충격을 받아도 좀 더 안전합니다. 액체 전해질을 사용하면 충격을 받아 전해질이 새어나올 위험이 있지만, 전고체배터리는 그럴 위험이 덜하기 때문입니다.

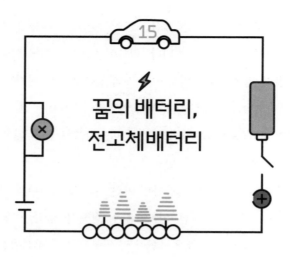

꿈의 배터리,
전고체배터리

여러 가지 장점을 가진 전고체배터리가 제품화되지 못한 이유는 고체 전해질의 이온전도도가 매우 낮기 때문입니다. 보통 전고체 전해질로 사용되는 물질은 산화물이나 황화물입니다. 이온전도도는 전해질 내의 이온이 얼마나 잘 움직이느냐를 나타내는 지표인데, 이온이 잘 움직이지 못하면 충전과 방전이 쉽지 않습니다. 많은 연구진이 오랫동안 산화물을 연구했지만 낮은 이온전도도를 올리는 방법을 찾지 못했죠. 결국 배터리다운 성능을 제대로 구현하지 못해 상용화에 실패했습니다.

전고체배터리의 상용화가 한계에 부딪치나 싶던 2010년대 초반, 액체 전해질과 비슷한 이온전도도를 갖는 황화물계 고체 전해질이 개발되면서 자동차 업계의 상황도 바뀌고 있습니다.

전 세계에서 가장 많은 자동차를 만드는 토요타가 하이브리드 자동차를 가장 먼저 상용화하여 시장을 점유했지만, 전기자동차 제품은 출시하지 않아서 많은 사람이 의아해했습니다. 그런데 최근 토요타에서 전고체배터리를 적용한 전기자동차 제품을 생산하겠다는 의지를 나타내고 있습니다. 자체 개발한 전고체배터리를 적용한 소형 전기자동차인 COMS EV의 시험 주행을 공개하기도 했고, 2022년에는 전고체배터리를 적용한 전기자동차를 출시하겠다고 발표하기도 했습니다.

토요타 말고도 독일의 폭스바겐Volkswagen이 전고체배터리 분야 스타트업 퀀텀스케이프QuantumScape를 인수하여 2025년 전고체배터리를 탑재한 전기자동차의 출시 계획을 발표했습니다. 자동차 부품기업인 보쉬Bosch도 미국 전고체배터리 회사 SEEO를 인수했고요. 현대자동차도 미국 메사추세츠주에 본사를 둔 전고체배터리 스타트업 아이오닉 머터리얼즈Ionic Materials에 500만 달러를 투자하였으며, 지속적으로 전고체배터리 관련 특허를 출원하고 있습니다.

2020년 삼성전자 종합기술원에서는 성능과 안정성 면에서 우수한 전고체배터리에 관한 연구결과를 세계적 학술지 《네이처 에너지Nature Energy》에 발표했죠. 삼성전자가 개발한 전고체배터리는 음극에 5마이크로미터 두께의 은-탄소 나노입자 복합층을 적용하여 성능과 안정성을 향상시켰고, 중소형 전기자동차에 장착하면 한 번 충전으로 800킬로미터를 달릴 수 있으며 1,000회 이상 재충전도 가능하다고 알려져 있습니다.

LG에너지솔루션은 미국 캘리포니아주립대학교 샌디에이고 캠퍼스와 협력해 상온에서 충전이 가능한 전고체배터리를 개발했습니다. 전고체배터리는 이온의 움직임이 액체 전해질보다 낮아 대부분 60도 이상의 고온에서 충전해야 하는 문제가 있습니다. 그런데 LG에너지솔루션은 음극에 전자의 원활한 이동을 돕는 도전재와 물질이 떨어지지 않도록 잡아주는 고분자 바인더를 없애고, 대신 5마이크로미터 크기의 실리콘 음극재를 적용했습니다. 실리콘 음극재는 흑연 음극재보다 전력을 더 많이 저장할 수 있어 현재는 점점 실리콘으로 대체되는 추세입니다. 덕분에 500회 이상의 충전과 방전에도 초기 용량의 80퍼센트를 유지합니다. 이를 통해 리튬이온전지보다 에너지밀도가 40퍼센트 높은 전고체배터리를 만드는 데 성공했습니다.

에너지밀도는 부피당 에너지밀도와 무게당 에너지밀도가 있습니다. 부피당 에너지밀도의 단위는 Wh/L로 1리터의 부피에 얼마만큼의 전력량을 저장할 수 있는지 나타내는 단위입니다. 무게당 에너지밀도는 Wh/kg으로 1킬로그램의 무게에 얼마만큼의 전력량을 저장할 수 있는지 의미하죠. 보통 휴대전화처럼 매우 작은 부피에 적용해야 할 경우 부피당 에너지밀도가 중요하고, 자동차처럼 충분한 공간이 있지만 무게가 많이 나가면 무게당 에너지밀도를 중요하게 여겼습니다.

하지만 최근에는 자동차에서도 공간을 중요하게 여겨서 부피당 에너지밀도를 중시합니다. LG에너지솔루션에서 제시한 40퍼센트 에너지밀도의 향상도 부피당 에너지밀도의 향상입니다. 전고체배터리는 에너지밀도가 높고 안정성도 좋아서 꿈의 배터리라 불립니다. 전고체 배터리의 상용화가 이뤄지면, 느린 충전 속도와 짧은 주행거리를 극복함으로써 전기자동차 시장이 지금보다 더욱 활성화될 것으로 예측하고 있습니다. 앞으로 얼마나 더 고성능의 전기자동차가 출시될지 기대됩니다.

2부

연료전지로 달리는
수소자동차

우주에서 가장 흔한 물질은 수소입니다. 태양도 대부분 수소로 되어 있고, 끊임없는 수소 간 핵융합반응으로 빛과 열을 쏟아내죠. 수소는 우주에서 가장 가벼운 분자로 산소와 반응하면 물이 됩니다. 또한 가볍기 때문에 공기 중에 방출되면 위로 뜨는 성질을 가지고 있어 대기에 머물지 않고 우주로 흩어집니다. 예전에는 이런 성질을 이용해서 비행선을 띄울 때 수소를 사용했습니다. 하지만 가연성과 폭발성이라는 위험한 특성도 지니고 있어서 지금은 사용하지 않습니다. 우리나라에서도 애드벌룬에 수소를 넣었다가 폭발하는 바람에 금지되었습니다. 지금은 수소보다 비싸지만 안전한 헬륨가스를 사용하고 있습니다.

지구에는 바닷물의 형태로 매우 풍부한 수소가 존재하고 있습니다. 지구 표면 물질의 70퍼센트 이상이 수소입니다. 그런데 최근 수소를 연료로 사용하는 연료전지 자동차가 판매되면서 새로운 에너지원으로서 수소에 대한 관심이 빠르게 늘고 있습니다. 그럼 앞으로 수소가 휘발유나 경유를 대신할 수 있을까요?

오래전 인류는 나무를 태워 에너지로 사용했습니다. 그러다가 증기기관이 발명되면서 석탄을 에너지로 사용했죠. 내연기관이 등장하면서부터는 석유를 사용하고 있고요. 근래에는 천연가스의 사용량이 점점 늘어나고 있습니다. 이렇게 시대에 따라 달라지는 에너지의 종류를 살펴보면 고체에서 액체를 거쳐 기체로 바뀐 것을 알 수 있습니다. 이를 에너지의 소프트화 경향이라 하고, 수치로 나타낸 것이 수소 대비 탄소의 비율입니다.

수소 한 개당 탄소가 열 개나 되는 나무는 10이고, 석탄은 2입니다. 석유(휘발유와 경유 포함)는 0.5, 천연가스는 0.25, 탄소가 없는 수소는 0입니다. 에너지의 소프트화 경향 면에서는 수소가 궁극의 에너지인 셈입니다. 단위질량당 에너지의 양도 상당히 높아서 휘발유의 네 배에 달합니다. 즉 수소 1킬로그램으로 휘발유 4킬로그램에 해당하는 에너지를 얻을 수 있죠.

물론 수소도 단점이 있습니다. 가장 큰 단점은 세상에서 가장 작은 분자이므로 저장하기 어렵다는 것입니다. 예를 들어 천연가스는 스테인리스 용기에 압축가스 형태로 저장할 수 있지만, 수소는 스테인리스 용기에 저장하면 조금씩 새어나갑니다. 분자가 워낙 작아서 금속 원자 사이의 화학 결합을 뚫고 새는 거죠. 그래서 현재는 탄소섬유를 여러 겹 감은 플라스틱 용기에 수소를 저장하고 있습니다. 수소는 흑연을 수직으로 통과하지 못하는 특성이 있기 때문에 흑연을 코팅해 만든 탄소섬유를 이용하면 수소를 저장할 수 있습니다.

또 다른 단점도 있습니다. 수소는 한 번 불이 붙으면 화염이 번지는 속도가 빨라서 수소가 저장된 곳으로 빠르게 옮겨갈 수 있기 때문에 사고가 일어날 경우 피해가 커집니다. 그나마 다행인 점은 수소가 공기보다 열네 배가량 가벼워서 공기 중에 누출되면 빠르게 확산되어 흩어진다는 것입니다. 자연발화되는 온도가 500도로 매우 높아 자연발화가 거의 일어나지 않는다는 점도 다행이고요.

수소 가격도 문제입니다. 현재까지는 천연가스로부터 개질(품질을 높이는 조작)을 통해서 얻는 수소 가격이 약 1킬로그램당 15,000원 정도입니다. 이는 휘발유나 경유에 비해서 상당히 비싼 편이어서 경제성이 떨어질 수밖에 없죠.

이러한 단점에도 불구하고 왜 미래에는 수소를 에너지원으로 사용할 확률이 높다고 이야기할까요? 여러 사회적 환경이 수소에너지에 유리해질 가능성이 높기 때문입니다.

첫째 수소는 이산화탄소 배출로부터 자유롭습니다. 심각해지는 환경 문제로 인해 이산화탄소 배출을 규제하는 다양한 정책이 생기고 있는 상황에서 큰 장점이 될 수 있죠.

둘째 수소는 저장하기 어려운 대신 에너지밀도가 높아서 적은 저장량으로 엔진자동차와 같거나 더 먼 거리를 갈 수 있습니다. 특히 경쟁 관계에 있는 전기자동차는 배터리의 성능과 가격 때문에 주행거리를 쉽게 늘리지 못하고 있습니다. 그런데 수소자동차는 수소탱크를 여러 개 달면 주행거리를 쉽게 늘릴 수 있습니다.

셋째 무엇보다 수소는 재생에너지를 통해 쉽게 얻을 수 있습니다. 원유에서 얻는 휘발유, 경유 등은 햇빛이나 전기를 이용해서 인공적으로 합성하기가 쉽지 않습니다. 반면 수소는 햇빛이나 전기에너지로 물을 분해하여 생산할 수 있습니다. 태양전지나 풍력발전기로 생산한 전기는 원하는 때에 원하는 만큼 생산하기 어렵다 보니 부족하거나 과하게 생산될 경우를 대비한 전력 저장 장치가 필요합니다. 고성능 배터리는 가격이 매우 비싼 데다 많은 공간을 차지하고요. 이럴 때 전기를 이용해서 수소를 생산하면 전력 저장 장치를 대체할 수 있습니다. 생산한 수소는 수소탱크에 저장했다가 수소자동차의 연료나 일반 연료로 사용할 수 있죠.

햇빛을 이용해서 직접 수소를 생산할 수도 있습니다. 혼다-후지시마 효과라고도 알려진 방법으로, 이산화티타늄에 햇빛을 쏘아주면 적은 양이지만 수소가 생깁니다. 햇빛만 있으면 수소를 얻을 수 있다니 솔깃하겠지만 이 방법을 활용하기에는 문제가 많습니다. 이산화티타늄은 자외선만 흡수하므로 효율이 좋지 않고, 한곳에서 산소와 수소가 동시에 발생하기 때문입니다. 하지만 태양광 물분해라고도 불리는 이 기술은 가시광 영역을 흡수할 수 있는 기술, 수소와 산소가 한 전극에서 같이 발생하는 것이 아니라 음극과 양극에서 따로 발생하는 기술 등이 개발되었고, 효율도 지속적으로 개선되고 있기 때문에 앞으로 실용화 가능성이 있습니다.

2부에서는 우선 연료전지의 발전 과정을 살펴봅니다. 그리고 대표적 친환경 에너지로 각광받는 수소를 동력으로 이용하는 수소자동차에 대해서도 자세히 알아보겠습니다.

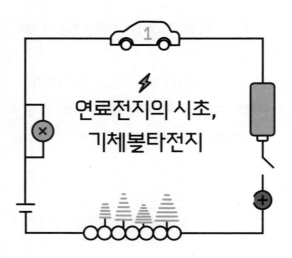

연료전지의 시초, 기체볼타전지

금속을 산에 넣으면 수소가 발생합니다. 역사적으로 처음 수소를 발견한 영국 화학자 헨리 캐번디시도 금속을 산에 넣어 발생하는 수소를 관찰했습니다. 이 실험을 통해 수소가 불에 타는 가연성가스라는 사실과 연소되면 물이 된다는 사실을 알아냈죠. 이후에 프랑스 화학자 앙투안 로랑 라부아지에가 같은 실험을 하고, 물을 만드는 원소라는 뜻을 가진 수소hydrogen라고 이름 붙였습니다. 라부아지에는 화학 분야에서 아주 큰 업적을 남긴 과학자이지만, 프랑스혁명 때 단두대에서 처형당한 불운한 사람입니다. 프랑스혁명이 끝난 후 아까운 인물을 죽였다며 안타까워한 사람들이 많았다고 합니다.

그런데 왜 금속을 산에 넣으면 수소가 발생할까요? 용액 속에서 산화환원반응이 일어나기 때문입니다. 산성용액은 수소이온의 활성도가 높은 용액입니다. 금속은 용액에서 산화하고 용액은 수소이온의 활성도가 높아집니다. 산성용액 속 수소이온은 환원되어 수소가 되는데, 수소는 용액에서 잘 녹지 않는 기체이기 때문에 공기방울을 이루면서 용액 밖으로 올라오죠. 이렇게 발생한 수소는 조건만 맞으면 다시 산화될 수 있습니다.

이때 수소가 산소와 만나서 급격히 반응하면 불이 납니다. 이것이 연소반응이자 급격한 산화반응입니다. 천천히 산화시킬 수도 있습니다. 백금 같은 촉매를 써서 수소가 분리되기 쉬운 상태로 만든 다음 산소와 반응시키면 불은 나지 않지만 산화가 일어납니다. 수소에 불이 붙으려면 높은 온도가 필요하지만, 백금 촉매를 쓰면 상온에서도 산소와 반응해 열이 납니다. 이런 반응을 이용해 전기를 만들 수도 있습니다. 수소가 들어가는 전극과 산소가 들어가는 전극을 분리하고, 전극끼리 외부회로로 연결하면 수소가 산화되면서 전기가 흐릅니다. 이렇게 금속과 전해질 용액을 사용하지 않고 양극에는 산소나 공기, 음극에는 수소, 알코올, 탄화수소 등을 사용하는 장치가 연료전지입니다. 연료의 연소에너지를 직접 전기에너지로 바꾸는 전지를 가리키죠.

연료전지의 개념을 처음으로 증명한 사람은 1부에서 다룬 험프리 데이비입니다. 그 후 영국의 윌리엄 그로브가 실제 전기를 생산할 수 있는 연료전지를 개발했습니다. 그로브는 웨일스의 판사이자 물리학자라는 특이한 이력을 가진 사람입니다. 법학 지식과 과학 지식을 접목하

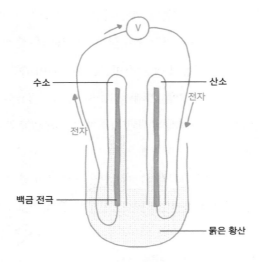

수소

산소

전자

전자

백금 전극

묽은 황산

그로브가 개발한 기체볼타전지

여 특허법에 공헌하기도 했고요. 또한 백열전구의 성능을 향상시키는 연구를 한 사람이기도 합니다. 그로브의 백열전구는 오래가지 못했지만 에디슨이 카본 필라멘트를 개발하며 실용화되었습니다.

그로브는 1839년 그로브전지라고도 부르는 기체볼타전지를 개발하는데, 이것이 연료전지의 시초입니다. 그로브가 개발한 기체볼타전지는 볼타전지와 유사합니다. 다만 금속이 기체로 바뀌었을 뿐이죠. 그로브는 수소기체가 든 시험관과 산소기체가 든 시험관을 황산에 넣어 기체볼타전지를 만들었습니다. 시험관 안에는 백금 코일을 전극으로 넣어 수소가 더 잘 반응하고, 전기도 흐를 수 있도록 했습니다.

기체볼타전지의 수소가 들어 있는 시험관에서는 수소가 수소이온으로 산화되면서 전자가 나오고, 이 전자가 회로를 통해 산소가 들어 있는 시험관 쪽으로 들어갑니다. 이때 수소이온과 산소가 만나 환원반응이 일어나면서 물이 됩니다.

볼타전지가 금속끼리 전자를 잡아당기는 힘이 서로 다른 산화환원전위차를 이용해서 전기를 만든 것처럼 기체볼타전지는 기체의 서로 다른 산화환원전위차를 이용해서 전기를 만든 것입니다.

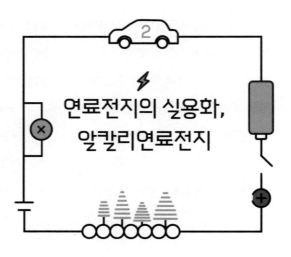

연료전지의 실용화,
알칼리연료전지

그로브가 기체볼타전지를 만든 이후 처음 연료전지를 실용화한 사람은 영국의 엔지니어 프랜시스 베이컨입니다. 베이컨은 1932년 백금전극을 다공성 니켈전극으로 바꾸고, 전해질을 황산에서 알칼리 용액인 수산화칼륨으로 바꾼 알칼리연료전지를 개발했습니다. 그리고 알칼리연료전지는 1960년대에 실용화되었죠. 사실 알칼리연료전지의 실용화는 이른바 냉전시대와 밀접한 관련이 있습니다.

제2차 세계대전 이후 전 세계는 미국을 중심으로 한 자본주의 진영과 러시아(당시 소련)를 중심으로 한 사회주의 진영으로 나뉘었습니다. 자본주의와 사회주의는 여러 측면에서 대립했는데, 과학기술 분야에서도 마찬가지였습니다. 제2차 세계대전을 종식시킨 원자폭탄을 비롯해 여러 분야에서 미국이 앞서가고 러시아가 쫓아가는 상황이었지만, 우주 분야만큼은 달랐습니다. 1957년 러시아가 세계 최초 인공위성인 스푸트니크 1호를 발사하는 데 성공한 겁니다.

인공위성에서 세계 최초라는 타이틀을 놓친 미국은 1960년대에 아폴로계획을 진행합니다. 인공위성 분야에서 러시아에 뒤처진 상황을 달에 사람을 보내는 프로젝트로 만회하려던 거였죠. 이 프로젝트를 통해 아폴로 11호를 달로 쏘아 올렸고, 우주비행사 닐 암스트롱이 인류 최초로 달에 첫발을 디뎠습니다. 그리고는 "한 명의 인간에게는 작은 걸음이지만 인류에게는 위대한 도약이다"라는 유명한 말을 남겼습니다.

아폴로 11호가 달에 착륙한 뒤 무사히 지구로 되돌아올 수 있었던 결정적 이유가 알칼리연료전지입니다. 당시 미국 대통령이었던 리처드 닉슨은 베이컨을 백악관으로 초청하여 "당신이 없었으면 우리는 달에 가지 못했을 겁니다"라고 말하기도 했습니다. 사실 수소를 이용한 연료전지는 1960년대 당시에는 값싼 석탄을 이용한 화력발전에 비해 경제성이 아주 부족했습니다. 당시는 지구온난화나 기후변화에 대한 우려도 없었고요. 따라서 지상에서는 수소에너지를 사용할 이유가 없었습니다.

그런데 우주에서는 다릅니다. 우주선 안에서 화력발전을 할 수는 없으니까요. 연료전지는 수소와 산소만 있으면 전기를 생산할 수 있습니다. 게다가 수소와 산소의 반응에서 얻은 물은 우주인의 식수로 사용할 수 있었죠. 물이 귀한 우주에서 물을 얻을 수 있다는 것은 일석이조의 효과를 내는 굉장한 이득입니다.

하지만 우주선을 계속 쏘아 올리는 일은 쉽지 않았습니다. 당장 눈에 보이는 소득이 없는 우주 탐험을 하겠다고 우주선을 보내기에는 수많은 사람의 노력과 비용이 만만치 않았으니까요. 그렇다 보니 알칼리연료전지가 쓰일 일도 거의 없었습니다. 하지만 연료전지를 지상에서도 사용하기 위한 연구개발은 계속되었고, 이에 따라 연료전지의 성능은 꾸준히 발전했습니다.

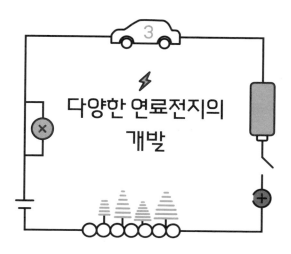

3

다양한 연료전지의 개발

일반적으로 에너지원으로서 수소보다는 천연가스를 더 쉽게 얻을 수 있습니다. 원유를 채굴할 때 석유와 동시에 얻을 수 있고, 천연가스만 매장되어 있는 가스전에서도 얻을 수 있으며, 저장도 수소보다 쉽기 때문입니다. 우리나라에서 도시가스라는 이름으로 난방이나 취사를 위해 도시에 공급되는 연료가 천연가스입니다. 그러니까 천연가스를 이용할 수 있는 연료전지가 있다면, 수소를 이용하는 연료전지보다 쓰임새가 많겠죠.

500도 이상의 고온에서도 작동하는 용융탄산염 연료전지와 고체산화물형 연료전지는 천연가스를 연료로 사용할 수 있습니다. 용융탄산염 연료전지와 고체산화물형 연료전지라는 이름은 전해질의 재료에서 따왔습니다. 용융탄산염 연료전지Molten Carbonate Fuel Cell, MCFC는 탄산리튬이나 탄산칼륨 등의 물질을 섞어서 전해질로 사용합니다. 보통 여러 물질이 섞이면 녹는점이 낮아집니다. 겨울철에 눈이 오면 염화칼슘을 뿌리는 이유도 눈과 염화칼슘이 섞이면서 녹는점이 낮아져 영하의 온도에서도 액체로 변하기 때문입니다. 그러면 눈 때문에 발생하는 미끄럼 사고를 방지할 수 있죠.

마찬가지로 탄산리튬이나 탄산칼륨을 섞으면 녹는점이 내려가 섭씨 650도 정도에서 액체가 됩니다. 액체가 된 탄산염이 전해질 역할을 함으로써 연료전지가 작동하고요. 낮은 온도에서는 수소를 분해하기 위해 백금 촉매를 사용하는데, 고온에서는 니켈 촉매를 사용해도 됩니다. 니켈의 촉매반응에 의해 일산화탄소가 물과 반응하여 수소와 이산화탄소가 되므로 일산화탄소가 섞여 있는 석탄가스나 메탄이 주원료인 천연가스, 그리고 메탄올이나 에탄올을 연료로 사용할 수 있습니다. 수소에 비해 더 싸고 쉽게 전력을 생산할 수 있어 대형 건물, 산업단지 등에서 사용할 수 있죠.

병원 같은 대형빌딩에는 정전 사고가 일어날 경우를 대비한 보조 전력장치가 꼭 필요합니다. 몇몇 환자의 경우 전력이 공급되지 않으면 생명이 위태로울 수도 있으니까요. 그래서 건물 내에 자체 배터리나 비상 발전기를 설치하는데, 설치 비용과 소음, 배출가스로 인한 대기오염 등의 문제가 발생합니다. 열효율이 높고 환경친화성도 높은 용융탄산염 연료전지는 시장 경쟁력이 있습니다.

더구나 최근에는 환경 문제 때문에 석탄발전소를 연료전지발전소로 대체하는 추세입니다. 따라서 발전소에 맞게 대형으로 제작할 수 있는 용융탄산염 연료전지의 전망이 괜찮은 편입니다. 이에 따라 우리나라의 포스코에너지는 미국 용융탄산염 연료전지 회사인 퓨얼셀에너지Fuel Cell Enegy로부터 연료전지 원천기술과 아시아 지역 독점 공급권을 확보했습니다. 기술의 국산화를 위한 제조공장을 설립하고 생산까지 추진했으나, 현재는 연료전지를 층층이 쌓아놓은 스택stack에서 안정성 문제가 발생해 사업이 불투명해진 상황입니다.

고체산화물형 연료전지Solid Oxide Fuel Cell, SOFC도 용융탄산염 연료전지와 시장이 같습니다. 고체산화물형 연료전지는 고체산화물을 전해질로 사용한 연료전지입니다. 리튬이온전지의 전해질을 고체전해질로 바꾸려면 리튬이온이 이동할 수 있는 고체물질을 사용해야 하고, 연료전지의 전해질을 고체전해질로 바꾸려면 수소이온이 움직이면 됩니다. 수소이온은 리튬이온보다 작아서 더 잘 움직이기 때문에 고체산화물도 전해질로 사용할 수 있죠. 기술적으로 가장 어렵지만, 가장 효율이 좋다고 알려진 고체산화물형 연료전지는 800도 이상의 고온에서도 작동합니다.

고체산화물형 연료전지의 상용화를 주도하는 회사는 미국의 블룸에너지Bloom Energy입니다. 블룸에너지가 천연가스나 바이오가스를 연료로 사용하는 고체산화물형 연료전지를 상용화함에 따라 아주 추운 지역에서도 천연가스만 있으면 난방과 전기를 해결할 수 있기 때문에 지속적으로 시장이 확대되고 있습니다. 블룸에너지의 매출도 계속 증가하고 있고요. 우리나라에서는 SK에코플랜트가 블룸에너지와 합작법인을 설립해 고체산화물형 연료전지 사업을 진행하고 있습니다.

섭씨 약 200도에서 작동하는 인산형 연료전지Phosphoric Acid Fuel Cell, PAFC도 있습니다. 인산형 연료전지는 고온에서 녹는 액체인 인산을 전해질로 사용합니다. 전극으로는 카본페이퍼carbon paper를, 촉매로는 값비싼 백금을 사용하지만, 카본페이퍼 안의 백금은 일산화탄소 등에 손상되지 않기 때문에 수소뿐만 아니라 천연가스나 메탄올도 연료로 사용할 수 있습니다.

인산형 연료전지 사업을 주도하고 있는 회사는 미국의 클리어엣지파워ClearEdge Power를 인수한 두산퓨얼셀입니다. 두산퓨얼셀은 전북 익산시에 연료전지 생산 공장을 갖추고 있고, 남동발전 분당, 동서발전 일산, 서부발전 서인천, 남부발전 신인천 등 수도권 지역 발전소에 설치되는 연료전지 사업을 연이어 수주했습니다. 주로 생산하는 품목은 440킬로와트급 연료전지로 대부분 고정형 발전소에 적용하고 있으며, 최근에는 대형버스에도 적용하려는 시도를 하고 있습니다.

많은 종류의 연료전지 가운데 가장 전망이 좋은 것은 자동차에 적용되는 수소이온교환Proton Exchange Membrane, PEM 연료전지입니다. 수소이온교환 연료전지는 고분자전해질Polymer Electrolyte Membrane, PEM 연료전지라고도 불립니다. 고분자전해질 연료전지의 발전에 크게 기여한 두 과학기술자가 있습니다. 둘 다 제너럴일렉트릭의 직원인데, 토머스 그

럽과 레너드 니드라치입니다. 그럽은 폴리스티렌 설폰산을 이용한 고분자 멤브레인^{membrane}(두께가 얇은 막)을, 니드라치는 백금 촉매를 적용한 고효율 전극을 개발하여 고분자전해질 연료전지의 성능을 크게 향상시켰습니다. 이후 미국 듀퐁^{DuPont}에서 개발한 나피온^{Nafion}이라는 고분자 소재가 적용되면서 실용화가 가능해졌죠.

고분자전해질 연료전지를 처음 실용화한 국가는 일본입니다. 일본의 연료전지 기술이 뛰어난 점도 있지만, 후쿠시마 원전사고가 큰 영향을 미쳤습니다. 원전사고 이후 원자력발전을 중단한 일본은 극심한 전력 부족에 시달렸습니다. 전력이 부족해 프로야구도 야간경기를 중단하고 주간에만 경기할 정도였으니까요. 일본 정부는 부족한 전력을 공급하기 위해 고분자전해질 연료전지의 보급 사업을 추진했습니다. 추운 지역에서 각 가정에 공급망을 갖춘 천연가스를 개질하여 수소로 만든 다음 고분자전해질 연료전지의 원료로 사용해 가정에서 필요한 전력과 난방을 동시에 공급하는 사업이었습니다.

당시 에네팜^{Ene-Farm}이라는 0.3~1킬로와트급의 고분자전해질 연료전지가 6만 대 이상 판매되었습니다. 가격이 만만치 않은 고분자전해질 연료전지를 가정용으로 사용한 것은 전 세계적으로 이례적인 일입니다. 이는 전력 부족을 해결하고 새로운 산업을 창출하려는 일본 정부의 지원 때문에 가능했습니다.

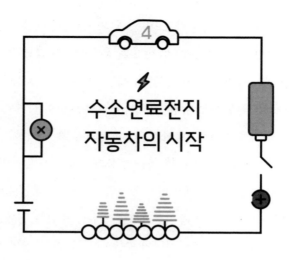

수소연료전지
자동차의 시작

낮은 온도에서도 작동이 가능하고, 부피가 작은 고분자전해질 연료전지가 개발되면서 본격적으로 연료전지를 적용한 자동차 연구가 시작되었습니다. 연료전지 자동차는 최근에 실용화되었지만, 그 역사는 짧지 않습니다. 연료전지를 적용한 최초의 자동차는 1966년 제너럴모터스가 개발한 쉐보레 일렉트로밴으로 알려져 있습니다. 고성능 수소 연료전지를 사용해 주행거리는 190킬로미터, 최고 속도는 시속 110킬로미터에 달했죠. 하지만 제작 비용이 많이 든 데다 실용성이 떨어져 단 한 대만 만들고 끝났습니다.

1972년에는 미국 과학자 로저 빌링스가 폭스바겐 자동차를 개조하여 수소연료를 사용하는 자동차를 만들기도 했습니다. 당시 대학원

생이었던 빌링스는 포드로부터 연구비를 지원받아 수소연료를 사용하는 자동차 개발을 시작했고, 제너럴모터스에서 후원하는 도시형 자동차 디자인 경연대회에서 수소연료 자동차로 1등을 차지합니다. 빌링스는 이후에도 수소를 연료로 사용하는 버스, 지게차, 트랙터 등을 개발했고, 오일쇼크가 일어난 1970년대에는 가정용 수소연료 시스템도 개발했습니다. 또한 수소와 휘발유 가운데 연료를 골라서 사용할 수 있는 하이브리드 형태의 캐딜락과 1991년 레이저셀 1이라는 수소연료전지 자동차도 개발했죠.

이후 1990년대 중반부터 다양한 자동차 제조회사가 앞다투어 수소연료전지 자동차의 시제품을 내놓기 시작했습니다. 맨 처음 수소연료전지 자동차를 실용화한 회사는 일본의 혼다^{Honda Motor}입니다. 혼다는 2002년부터 미국 캘리포니아에서 FCX-V4 모델을 장기 임대 방식으로 판매하기 시작했습니다. 2003년에는 포드의 FCV와 닛산^{Nissan Motor}의 X-Trail FCV 04도 장기 임대 방식으로 판매되었죠. 2005년에는 벤츠가 Fuel-Cell 모델을, 2007년에는 쉐보레에서 이쿼녹스 모델을 내놓습니다. 2008년에는 혼다가 클래리티라는 새로운 모델을 출시하고, 2014년에는 현대자동차에서 투싼ix FCEV 모델을 시장에 내놓았습니다.

하지만 수익성이 좋지 않은 대부분 모델의 판매가 중단되었고, 2022년에 판매되고 있는 연료전지 자동차는 단 세 종뿐입니다. 2015년 도요타에서 출시한 미라이, 2017년 혼다에서 출시한 클래리티, 그리고

2018년 현대에서 출시한 넥쏘가 그것이죠. 넥쏘는 가장 늦게 출시했음에도 판매량에서 가장 앞서고 있으며, 2020년에는 누적 판매량 1만 대를 넘겼습니다. 그만큼 사람들로부터 성능과 안정성을 인정받고 있다는 뜻일 겁니다.

많은 사람이 수소연료전지 자동차라고 하면 자동차에 실린 수소탱크 때문에 매우 위험하다고 생각합니다. 어떤 사람들은 수소폭탄을 싣고 다니는 것이나 다름없다고 생각해 거부감을 가지기도 하죠. 수소폭탄과 수소연료전지 자동차는 엄연히 다를 뿐더러 둘의 작동 원리를 몰라서 생기는 오해입니다.

핵융합반응을 이용하는 수소폭탄과 수소연료전지를 비교하는 것은 의미가 없습니다. 수소폭탄이 되려면 수소 핵융합반응이 일어나야 하고, 핵융합을 시작하려면 약 1억 도의 어마어마한 온도가 필요합니다. 수소보다 낮은 온도에서 핵융합을 시작하는 중수소(일반 수소보다 무거운 수소)도 10만 도는 되어야 합니다. 그래서 초고온·초고압을 만들 수 있는 원자폭탄을 기폭제로 사용하고, 중수소와 삼중수소를 사용합니다. 따라서 수소자동차에 실린 수소탱크가 수소폭탄이 될 일은 전혀 없습니다. 어쩌다 수소탱크에서 수소가 새어나간다고 해도 매우 빨리 흩어지는 성질 때문에 폭발에 이르는 경우는 거의 없고요.

다만 밀폐된 공간에서 수소가 새어나올 경우엔 특정한 조건 아래에서 불이 붙거나 폭발할 수도 있습니다. 그럼에도 도로에서 자동차끼리 충돌했을 때 불이 날 확률은 엔진자동차보다 적다고 알려져 있습니다. 군이 안전성을 비교한다면 액화석유가스를 연료로 사용하는 택시와 비슷합니다. 그렇다고 택시가 폭발할까 봐 무서워서 타지 못하는 사람은 없지 않을까요? 사람들이 수소연료전지 자동차에 갖는 막연한 불안감을 해소해야 좀 더 대중화가 빨라질 수 있을 겁니다.

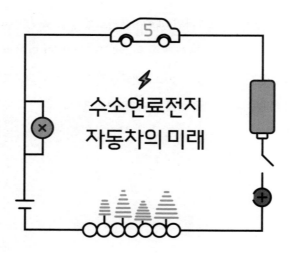

수소연료전지
자동차의 미래

　　한동안 가파르게 상승하던 전기자동차의 질주가 요즘은 한풀 꺾였습니다. 전기자동차에 한 번 불이 붙으면 진압하기 매우 어려워서 여러 대의 소방차가 출동해야 한다는 뉴스가 나온 후부터 전기자동차는 위험하다는 생각이 커지고 있습니다. 또 겨울에는 주행거리가 크게 감소하기도 하고, 충전 시간이 길어서 장거리 여행은 어렵다는 인식도 늘고 있고요. 이러한 이유로 많은 사람이 전기자동차 구입을 망설이고 있습니다. 그러나 전기자동차에 대한 선호도가 줄어든 가장 큰 이유는 전기자동차를 구입하면 정부에서 지급하던 보조금마저 줄었기 때문입니다.

　　그럼에도 전기자동차의 대표 주자인 테슬라의 시가총액은 약 770조 원으로 엔진자동차 중 시가총액이 가장 큰 토요타(약 447조 원)보다 여전히 크게 앞서고 있으며, 기술의 발전 속도도 엔진자동차보다 빠릅니다. 기후변화로 인해 엔진자동차를 더 이상 판매하지 못하는 시점이 다가오고 있으니, 전기자동차의 미래는 여전히 밝다고 할 수 있습니다.

또 다른 친환경 자동차인 수소연료전지 자동차가 있습니다. 미국 수소연료전지 자동차의 대표주자인 니콜라Nikola는 수소연료전지를 적용한 대형 트럭을 제조해 판매하는 회사입니다. 현재 트레 연료전지 모델TRE FCEV, Fuel Cell Electric Vehicle과 트레 배터리 모델TRE BEV, Battery Electric Vehicle을 판매하고 있습니다. 이 두 모델의 성능을 비교해보면 전기자동차에 비해 수소자동차가 어떤 장점을 가졌는지 확실히 알 수 있죠. 트레 연료전지 모델의 충전 시간은 20분 미만이지만, 주행거리는 500마일(800킬로미터)입니다. 반면 트레 배터리 모델의 충전 시간은 최소 90분이고, 주행거리는 330마일(528킬로미터)밖에 되지 않습니다.

장거리 운행을 해야 하는 대형 트럭은 충전 시간과 주행거리가 자동차를 선택하는 데 매우 중요한 요소입니다. 트레 연료전지 모델이 더 주목받고, 니콜라가 관심을 받는 이유이죠. 아직까지는 충분한 수소충전소 인프라를 구축해야 하고, 가격도 비싸기 때문에 많은 트럭을 판매하지는 못합니다. 그래서 회사의 수익성이 좋지 않아 주가가 급락하기도 했지만, 한때는 니콜라의 시가총액이 엔진자동차의 원조 회사격인 포드를 앞서기도 했습니다. 그만큼 수소연료전지 자동차의 미래 가치가 높다고 할 수 있습니다.

그러면 이미 친환경 자동차로서 전기자동차가 시장에서 좋은 반응을 얻고 있는데, 왜 이토록 연료전지 자동차의 미래 가치가 높을까요? 전기자동차와 연료전지 자동차는 분명 경쟁 관계일 텐데 말이죠. 앞에서 니콜라의 트레 연료전지 모델과 트레 배터리 모델을 비교했듯이, 두 자동차의 가장 큰 차이는 주행거리와 충전 시간입니다. 전기자동차는 주로 리튬이온전지를 에너지원으로 사용하므로 주행거리를 늘리려면 더 큰 리튬이온전지가 필요합니다. 리튬이온전지는 무게와 가격이 만만치 않아서 그 크기를 늘리기가 쉽지 않습니다. 그런데 연료전지 자동차는 수소 탱크의 크기만 늘리면 됩니다. 보통 연료전지 자동차라고 해도 저용량의 리튬이온전지가 들어갑니다. 연료전지는 리튬이온전지를 충전하는 용도로 사용하는데, 이러한 연료전지 자동차의 주행거리를 늘리고 싶으면 수소의 저장 용량을 늘리면 되지요.

　　이런 장점은 특히 화물차에 유리합니다. 미국은 워낙 넓어서 하루에 여덟 시간 이상 운행하는 일이 많습니다. 따라서 주행거리가 짧고 충전 시간이 오래 걸리는 전기자동차를 이용한다면 문제가 생기겠지만, 한 번 충전으로 800킬로미터를 넘게 달리는 데다 충전 시간이 불과 20분인 연료전지 자동차라면 큰 문제가 없습니다. 연료전지 자동차는 우리나라와 일본에서도 이미 상용화되었습니다. 현대자동차가 2018년부터 판매하고 있는 넥쏘는 수소 2킬로그램을 충전할 수 있는 수소탱크 세 개를 적용해 최대 6킬로그램까지 충전할 수 있으며, 5분간 충전하면 약 600킬로미터를 달릴 수 있습니다. 한 번 충전으로 400킬로미터 정도를 달리는 전기자동차보다 훨씬 먼 거리를 주행할 수 있죠.

연료전지 자동차에도 리튬이온전지가 내장되어 있고, 연료전지는 배터리를 충전하는 데 사용하기 때문에 주행 방식은 전기자동차와 비슷합니다. 속도를 줄일 때 운동에너지를 전기로 바꾸어주는 회생제동 모드를 이용해 배터리를 충전하는 방식도 마찬가지입니다. 그럼에도 주행거리와 충전 시간 면에서 연료전지 자동차가 전기자동차보다 더 낫습니다. 지금은 전기자동차가 종류와 판매량에서 앞서 나가고 있지만, 시간이 지날수록 수소연료전지 자동차가 시장 점유율을 확대할 가능성이 높습니다.

우리나라 정부에서도 미래 수소경제의 가능성을 보고 수소 지원정책을 펼치고 있습니다. 신산업 육성을 위해 2019년도 1월에 발표한 '수소경제 활성화 로드맵'에 따르면, 2040년까지 수소자동차의 누적 생산량을 620만 대까지 확대하여 세계 시장점유율 1위를 달성하겠다는 목표를 세웠습니다. 수소자동차 보급을 확대하기 위해 수소충전소도 2040년까지 1,200곳까지 늘리는 것을 목표로 하고 있고요. 또한 2040년까지 수소택시 8만 대, 수소버스 4만 대, 수소트럭 3만 대 보급을 통해 수소 대중교통 차량도 확대하기로 했습니다. 이에 따라 2040년까지 수소 가격을 1킬로그램당 3,000원까지 낮추는 공급 시스템을 만들기로 했습니다. 전 세계에서 가장 도전적인 시도로, 이 계획이 성공적으로 진행된다면 수소에너지 분야에서 대한민국이 가장 앞선 나라가 될 수 있습니다.

이미 국내에서는 서울, 부산, 대전, 인천, 광주, 울산, 제주, 삼척 등에서 수소버스를 운행하고 있고, 현대자동차에서 개발한 수소전기트럭인 엑시언트는 미국과 스위스 등에 수출되고 있습니다. 현대자동차의 수소트럭과 수소버스에는 더 큰 출력을 얻기 위해 넥쏘에 적용한 연료전지를 두 개 넣었습니다. 더욱이 니콜라보다도 먼저 수소연료전지 트럭과 버스를 상용화하였고, 판매량을 늘려나가고 있습니다.

현대자동차 홈페이지에 따르면, 스위스와의 협력 관계를 통해 2025년까지 스위스에 1,600대의 수소트럭을 수출할 예정이라고 합니다. 전북 완주에는 수출용 수소전기트럭을 테스트하기 위해 트럭과 버스에 수소를 공급하는 수소충전소가 있습니다. 현대자동차가 수소연료전지 트럭과 버스 분야에서 세계 시장을 선도하고 있죠.

한편 스위스가 이렇게 수소연료전지 트럭을 수입하는 이유는 환경적인 이유가 큽니다. 현재 스위스는 환경 친화 정책 시행으로 디젤트럭에 엄청난 통행세를 부과하고 있고, 지형의 특성상 수력발전이 쉬워서 수력에너지를 이용해 친환경 수소를 제조하는 프로젝트를 진행 중입니다. 이 프로젝트에 스위스의 전력회사, 운송회사 그리고 현대자동차가 참여하고 있습니다. 앞으로는 점점 더 여러 나라에서 친환경 정책이 강화될 겁니다. 따라서 친환경 에너지와 이를 동력으로 이용하는 친환경 자동차의 중요성도 계속 커질 테고요. 대중교통을 타든 직접 자동차를 운전하든 실제 소비자인 우리가 친환경 자동차에 관심을 가져야하는 이유입니다.

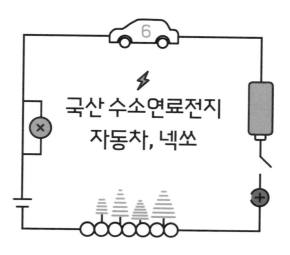

친환경에 관한 사회적 관심이 커지는 만큼 전기자동차나 수소자
동차를 운전해보고 싶은 분도 많을 겁니다. 요즘 도로에 나가면 하이브
리드 자동차는 물론이고 전기자동차도 어느 곳에서나 쉽게 볼 수 있습
니다. 그런데 여전히 수소자동차를 타는 사람은 드문 편입니다. 아직
수소자동차의 안정성에 대한 불안감, 몇 종류 안 되는 모델, 부족한 충
전소 시설 등으로 인해 선뜻 선택하기 쉽지 않기 때문입니다.

저는 2020년에 넥쏘를 구입해 현재까지 타고 다니고 있습니다.
2019년 가을쯤 신차를 구입하려고 알아보던 중이었는데, 제가 살고 있
던 아파트 주차장에서 수소전기자동차인 넥쏘를 발견했습니다. 마침
수소자동차에도 관심이 있던 터라 주변에 수소충전소가 있나 검색해보

니 약 5킬로미터 거리에 대전도시공사에서 운영하는 학하수소충전소가 있다는 것을 알았죠. 바로 현대자동차 대리점에 시승을 신청했고, 시승을 하고 난 뒤 괜찮다는 생각이 들어 계약했습니다.

전기자동차나 수소자동차를 타보고 싶은 사람은 현대자동차 홈페이지에서 시승을 신청하면 누구나 타볼 수 있습니다. 당시 테슬라의 전기자동차도 시승해보고 싶었지만 쉽지 않았습니다. 테슬라는 시승 없이 인터넷으로 신청해 구입해야 하고, 계약금도 100만 원 이상으로 적지 않으니까요. 하지만 현대자동차는 시승이 매우 쉽고, 계약금도 10만 원 정도로 부담이 거의 없습니다. 테슬라의 전기자동차와 현대자동차의 수소자동차를 비교해보다 결국 수소자동차를 선택하게 된 데는 이 같은 이유가 컸습니다.

6개월을 기다린 끝에 2020년 4월 넥쏘를 받았습니다. 넥쏘는 여느 전기자동차와 다르지 않습니다. 시동을 걸어도 자동차 스피커에서 나오는 신호음밖에 나지 않고, 주행을 해도 매우 조용합니다. 다만 전기자동차와 달리 급가속을 하면 앞쪽에서 풍선에 바람 빠지는 소리가 납니다. 넥쏘에는 3킬로미터 정도 달릴 수 있는 리튬이온전지가 장착되어 있어 전기자동차처럼 달리고, 연료전지로 만든 전기는 배터리를 충전하는 데만 사용합니다. 그런데 급가속을 하면 배터리에 있는 전기가 모두 방전되기 때문에 급하게 충전하기 위해 연료전지에 빨리 수소를 집어넣다 보니 소리가 발생하는 겁니다.

넥쏘는 엔진 룸에 연료전지가 있습니다. 보통 전기자동차는 트렁

크처럼 엔진 룸도 비어 있지만, 연료전지 자동차는 엔진 룸에 연료전지가 들어 있습니다. 연료를 연소시키지는 않지만 연료전지의 작동 온도가 섭씨 80도 정도 되기 때문에 냉각장치도 있고요. 그래서 겨울에 히터를 켜면 연료전지로 데워진 따뜻한 공기가 들어옵니다. 추가 난방이 필요 없기 때문에 겨울철에 주행거리가 감소하는 현상도 전기자동차보다 훨씬 덜합니다.

처음 넥쏘를 구입한 당시만 해도 대전에는 수소충전소가 단 한 곳이었습니다. 그래서 수소를 충전하러 가면 대기하는 차들이 많았죠. 보통 한 대당 충전 시간이 약 10~15분 정도 걸렸고, 4~5대는 기본으로 대기하고 있었습니다. 수소를 충전하는 시간은 5분이지만, 한 대를 충전하고 나면 충전기 내부의 수소를 다시 고압으로 올려야 하는 시간이 추가로 필요했기 때문입니다.

더욱이 수소 충전 시 주유기에 해당하는 디스펜서가 얼어서 차량의 주입구로부터 떨어지지 않는 문제도 있었습니다. 지금은 이러한 문제 대부분이 해결되었습니다. 현재는 대전에 수소충전소가 네 곳으로 늘었고, 고속도로에 있는 신탄진휴게소까지 합치면 다섯 곳입니다. 근처 세종시에도 충전소가 있고요. 따라서 수소를 충전하기 위해 대기하는 시간은 많이 줄었습니다.

가끔 수소자동차를 타면서 불편한 점이 있는지 묻는 분들이 있는데, 별로 없습니다. 다만 개인적으로 실내 디자인으로 인해 불편함을 겪는 정도입니다. 넥쏘의 실내 디자인은 마치 항공기 조종석을 연상시킵니다. 이 디자인이 좀 과하기 때문에 사람마다 호불호가 갈립니다. 특히 껌이나 선글라스 등을 두는 공간이 운전석 오른쪽 밑에 있는데, 그 위에 스위치가 잔뜩 달린 커다란 판이 있어서 이 공간을 사용하기가 매우 불편합니다.

테슬라가 실내 디자인에서 미니멀리즘을 추구한다면 넥쏘는 맥시멀리즘을 구현하고 있다고 볼 수 있습니다. 테슬라는 실내에 자동차의 진행 방향을 바꾸는 장치인 조향장치 외에는 운전석과 조수석 사이에 설치된 태블릿 PC밖에 없습니다. 태블릿 PC와 다이얼로 냉난방이

넥쏘의 실내 디자인

나 파워핸들, 좌우 미러, 핸들 위치 등을 조정하도록 되어 있습니다. 반면 넥쏘의 실내에는 온갖 작동 버튼이 있습니다. 운전석과 조수석의 히터, 냉풍(운전석과 조수석 시트에 난 구멍을 통해 시원한 바람 배출)을 비롯하여, 라디오, 미디어, 지도, 냉난방 공조, 뒷유리 열선, 비상등, 좌우 미러 조정 등 자동차 기능 대부분을 버튼으로 작동해야 합니다. 여기에 다이얼도 추가로 설치되어 있고요.

넥쏘는 옛 엔진자동차 같은 아날로그 감성을 가지고 있습니다. 그래서 터치패드보다 버튼에 익숙한 기성세대가 운전하기에는 테슬라보다 더 좋다고 느낄 수도 있습니다. 물론 터치가 되는 디스플레이도 있습니다. 전기자동차답게 주차브레이크와 주행, 후진, 중립, 주차도 버튼으로 되어 있고요. 시동을 켜고 주행 버튼을 누르면 주차브레이크가 알아서 풀리기 때문에 편리합니다. 겨울에 엔진을 데우기 위해 공회전을 할 필요도 없죠. 넥쏘는 연료전지 스택을 시동 직전에 가열하는 기술을 도입함으로써 영하 30도에서도 시동이 잘 걸리도록 개선했는데, 이를 저온시동이라고 합니다. 아주 추운 날 밖에서 시동을 켜면 이 저온시동으로 작동하기 때문에 시간이 조금 걸리지만, 그럼에도 엔진자동차보다 훨씬 빨리 출발할 수 있습니다.

넥쏘를 타면서 가장 만족스러운 점은 주행거리입니다. 한 번 충전하면 보통 700킬로미터는 넉넉히 달릴 수 있으니까요. 보통 자동차는 공시연비보다 실제 주행연비가 덜 나오는 게 대부분인데, 넥쏘는 주행연비가 공시연비보다 더 나옵니다. 넥쏘의 공시연비는 100km/kg으로

1킬로그램의 수소를 이용해서 100킬로미터를 달릴 수 있습니다. 그런데 과속하지 않고 도로의 제한속도를 지키면 1킬로그램의 수소로 훨씬 더 멀리 달릴 수 있습니다. 급가속을 하지 않으면 좀 더 멀리갈 수 있고요. 제 경험상 130킬로미터는 충분히 나오고, 날씨가 좋은 봄이나 가을에는 160~170킬로미터까지도 가능합니다. 단 한 번 충전으로 대전에서 전국 어디든 다녀올 수 있죠.

넥쏘는 연비를 향상시키기 위해서 속도를 줄일 때 운동에너지를 전기로 바꾸어주는 회생제동 모드를 적용하고 있습니다. 운전대 뒤의 회생제동 모드를 3단계로 조절할 수 있는 장치를 적절히 조절하면 승차감이 나쁘지 않으면서 연비도 좋아질 수 있습니다. 처음에는 어색하지만 조금 지나면 익숙해집니다. 테슬라의 전기자동차는 가끔 회생제동 모드를 사용하면 몸이 앞으로 쏠리면서 거북한 느낌이 들고, 승차감이 좋지 않다는 분들이 있지만 넥쏘에서는 그런 현상이 훨씬 덜합니다.

그럼 넥쏘의 연료비는 어느 정도 들까요? 수소충전소에서 수소 1킬로그램을 충전하면 가격이 8,200~8,800원입니다. 넥쏘의 공시연비를 기준으로 8,800원이면 약 100킬로미터를 달릴 수 있습니다. 이것을 일반적인 휘발유 1리터 가격인 1,600원으로 환산하면 약 18킬로미터를 달릴 수 있는 셈입니다. 최근 하이브리드 자동차의 연비가 리터당 약 20킬로미터인 점, 공시연비보다 더 달릴 수 있다는 점을 고려하면 넥쏘의 연료비는 하이브리드 자동차와 비슷하다고 볼 수 있습니다.

좀 더 개선해야 할 점도 있습니다. 충전할 수 있는 배터리 용량을 조금 더 늘리고, 플러그인 하이브리드^{PHEV}처럼 배터리를 가정에서 충전할 수 있도록 시스템을 업그레이드하면 좋겠다는 생각을 합니다. 즉 가까운 거리는 충전한 전기로 다니고 멀리 갈 때만 수소를 사용하는 방식이죠. 이런 방식을 활용하면 전기와 수소를 모두 사용할 수 있기 때문에 연료비가 줄고, 수소충전소에 가는 횟수도 줄일 수 있지 않을까요?

최근 출시한 대부분의 신형 자동차에 적용된 기술인 스마트 크루즈 컨트롤Smart Cruise Control 기능도 고속도로 운행 시 꽤 도움이 됩니다. 넥쏘에는 이 기능이 기본 장착되어 있습니다. 자율주행은 현재 다섯 단계로 나뉩니다. 1단계는 특정 주행모드에서 조향이나 감속·가속 중 하나를 자동으로 수행하는 단계이고, 2단계는 운전자가 개입하지 않아도 자동차의 속도와 방향을 자동으로 제어하는 단계입니다. 3단계는 자동으로 앞차를 추월하거나 장애물을 감지하고 피할 수 있는 단계, 4단계는 목적지와 이동경로만 지정해주면 자동차가 알아서 운행하는 단계죠. 5단계는 목적지만 말하면 운전자가 없어도 데려다주는 완전 자동화를 이룬 최고 단계입니다.

현재 넥쏘의 스마트 크루즈 컨트롤 기능은 2단계에 해당합니다. 즉 고속도로에서 속도와 방향을 자동으로 제어하고 주행할 수 있습니다. 고속도로에서도 상당히 믿음직하게 느껴질 정도로 능숙하게 앞차와의 거리를 조절하고 차선에 맞춰 방향을 조절합니다. 앞차가 서면 자동으로 서고요. 물론 핸들을 오랫동안 잡고 있지 않으면 경고음이 울린다는 한계가 있지만 잡고만 있으면 스스로 운전합니다.

넥쏘의 보증기간은 국내에서는 파격적인 10년, 16만킬로미터입니다. 미국에서 10년, 16만킬로미터를 보증해준 적은 있지만 국내에서 이런 보증기간을 제시한 자동차 모델은 넥쏘가 유일합니다. 2년 동안 넥쏘를 운행하면서 고장 난 적은 아직 한 번도 없습니다. 처음 받았을 때 내비게이션의 터치 반응이 느려서 불편했던 점은 내비게이션을 업데이트한 뒤로 해결되었습니다. 다만 초기 모델의 경우 연료전지 출력이 낮아서 고속주행을 할 때 생기는 울컥거림 현상 때문에 자발적 리콜을 실시한 적이 있습니다. 이때도 저는 고속도로에서 연비 운전을 해서인지 그런 현상이 거의 없었습니다.

인터넷에서 넥쏘에 관한 글을 검색하면 15만킬로미터 이상을 달렸지만 아직 별문제 없다는 글이나 보증거리인 16만킬로미터를 넘긴 택시에 관한 글도 있습니다.

우리가 겪고 있는 기후변화는 화석에너지 하나만을 집중적으로 사용한 결과라고도 볼 수 있습니다. 햇빛, 바람, 물, 조류, 파력, 지열 등 다양한 에너지를 사용하면 그만큼 탄소 배출을 줄일 수 있고, 기후변화를 늦추거나 막을 수도 있습니다. 자동차도 마찬가지입니다. 휘발유로 가는 자동차뿐만 아니라 전기자동차도 타고 수소자동차도 타야 합니다.

또 한 가지 에너지원에만 집중하다 보면 문제가 생겼을 때 해결하기 쉽지 않지만, 여러 에너지원을 사용하면 문제가 생겼을 때 대안을 찾는 일이 좀 더 쉬워집니다. 그런 측면에서도 수소자동차가 좀 더 활성화되기를 바라봅니다. 이 글이 수소자동차 구입을 고민하는 분들에게 도움이 되면 좋겠습니다.

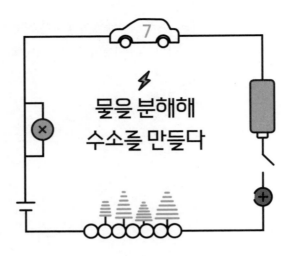

물을 분해해
수소를 만들다

전기자동차는 배터리의 무게와 가격 때문에 주행가능거리를 늘리는 것이 쉽지 않습니다. 반면 수소탱크를 적용한 연료전지 자동차는 수소탱크를 늘리면 주행 가능 거리도 늘릴 수 있기 때문에 좀 더 자유롭습니다. 그래서 장거리를 주행하는 트럭 말고도 연료전지가 유리한 수송 수단이 여럿 있습니다. 현재 비행기, 드론, 중장비, 기차, 선박 등에 연료전지를 적용하는 연구가 진행 중이죠.

비행기 제조회사로 유명한 보잉Boeing에서는 이미 2008년도에 수소연료전지를 적용한 2인승 비행기를 개발해 비행에 성공했습니다. 두산모빌리티이노베이션에서는 연료전지로 작동하는 드론을 개발해 판매하기 시작했고요. 리튬이온전지를 탑재한 드론의 비행시간은 약

40분인데 반해, 연료전지를 탑재한 드론은 두 시간이나 됩니다. 드론 택시나 산불 진화 드론, 단체여행객을 안내하는 드론 내비게이션 등 다양한 산업 분야에 적용할 수 있습니다.

굴삭기 같은 중장비 분야에서도 연료전지를 적용하기 위한 연구개발이 활발히 진행되고 있습니다. 국내에서는 현대자동차가 현대건설기계와 함께 수소연료전지 건설기계를 개발하고 있으며, 유럽에서는 다임러트럭과 볼보트럭이 중장비 차량용 연료전지 시스템을 개발하기 위한 합작법인을 설립했습니다. 또한 영국의 중장비기업 JCB는 2020년 세계 최초로 수소연료전지 굴삭기를 개발해 1년 이상 테스트를 진행하고 있습니다.

연료전지 기차는 2019년 프랑스에서 세계 최초로 운행되었습니다. 프랑스 고속열차 테제베TGV의 제조회사인 알스톰Alstom에서는 독일에서 개발한 연료전지를 적용한 기차를 생산해 프랑스 북부에서 운행하고 있죠. 우리나라에서는 현대로템에서 연료전지 기차를 연구개발하고 있습니다. 시제품이 출시되었으나 실제 운행하기까지는 시간이 걸릴 것으로 예상됩니다. 또한 유럽의 수많은 기업에서 연료전지를 적용한 선박도 개발하고 있습니다.

이처럼 연료전지를 적용한 산업이 발전하는 이유는 세계 기후 정책에 따른 규제로 인해 성장 가능성이 높기 때문입니다. 수소는 흔하고 비싸지 않으며 재생이 가능합니다. 수소를 연료전지로 반응시키면 전기와 함께 물이 나옵니다. 반대로 연료전지에 전기와 함께 물을 넣으면 물을 분해해서 수소와 산소를 얻을 수 있죠. 연료전지를 처음 개발한 그로브는 생성된 전기를 이용해 물을 분해하는 실험에 성공했습니다. 그는 황산용액에 수소와 산소가 들어 있는 시험관을 백금선으로 연결해서 연료전지를 만들었습니다. 이 연료전지 네 개를 직렬로 연결하여 높은 전압의 전류를 생성한 후 이를 다시 물에 흘려보내 물을 수소와 산소로 분해하는 데까지 성공합니다. 물을 분해하려면 1.2볼트밖에 필요 없는데 왜 이렇게 많은 연료전지를 연결했을까요? 물을 분해하는 과정에서 내부에 저항이 생겨 과전압이 발생하기 때문입니다. 그래서 높은 전압을 얻기 위해 네 개의 셀을 직렬로 연결한 것입니다.

사실 전기와 물분해 수소는 볼타가 볼타전지를 처음 만들었을 때

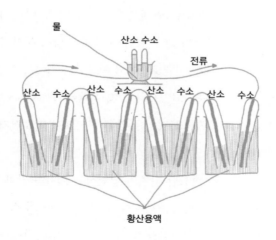

그로브가 스케치한 연료전지를 이용한 물분해 장치

부터 시작되었습니다. 볼타전지의 구리전극에서는 아연으로부터 전달된 전자가 물속의 수소이온을 환원시켜 수소가 생성된다고 설명했습니다. 실제로 볼타전지가 개발되고 몇 주 후 영국 과학자 윌리엄 니컬슨이 볼타전지로 물을 분해했다는 기록이 있습니다. 이탈리아를 방문해서 볼타전지 만드는 법을 직접 전해 들은 험프리 데이비도 비슷하게 볼타전지를 이용해 물을 분해하는 연구를 했습니다. 당시 데이비는 많은 연구비를 지원받은 덕택에 대규모 물량을 동원해 실험할 수 있었습니다. 볼타전지를 1,000개씩 연결하기도 하고, 전극으로 반응성이 없고 비싼 금으로 된 반응 용기를 사용하기도 했죠. 이후 벨기에 과학자 그램과 러시아 과학자 라치노프 등이 쉽고 저렴하게 물을 분해해서 수소를 생산하는 방식을 개발했습니다.

물을 분해해 수소를 만들어 산업적으로 이용한 지도 꽤 오래되었습니다. 노르웨이의 수소 전문기업인 넬 하이드로젠Nel Hydrogen에서는 1953년에 대용량 수전해(전기분해를 통해 물을 수소와 산소로 분리) 설비를 상용화했습니다. 수력발전소에서 생성된 전력으로 물을 분해해서 수소와 산소를 만들고, 이 중 수소를 비료의 원료가 되는 암모니아를 제조하는 데 사용하기 시작한 겁니다. 노르웨이에서 이러한 산업이 시작된 이유는 피오르 지형 덕분에 댐을 건설하기 매우 쉽고, 풍부한 수자원을 갖추고 있어 수력발전으로 전력의 대부분을 충당할 수 있기 때문입니다.

암모니아는 하버-보슈법Haber-Bosch法이라는 철 촉매를 이용한 질소와 수소 반응으로 쉽게 생산할 수 있습니다. 하버-보슈법은 인류의 식량 문제를 해결한 매우 중요한 발견으로 평가받아 프리츠 하버는 1918년에 노벨 화학상을 수상하기도 했죠. 하버-보슈법을 이용한 암모니아 생산은 오늘날까지 이어져 현재 사람의 몸을 이루는 질소의 약 50퍼센트가량이 이 방법으로 생성되었습니다. 전 세계 인구가 80억 명 가까이 늘어난 요인이기도 합니다.

요즘 들어 하버-보슈법이 수소를 저장하는 방법으로도 주목받고 있습니다. 수소는 다른 기체와 달리 액화시키는 데 많은 에너지가 소모되고, 저장탱크를 만드는 비용도 만만치 않습니다. 그런데 수소를 암모니아로 바꾸면 상온에서 액체 상태가 되므로 저장하기가 아주 쉽습니다. 암모니아로 저장했다가 수소가 필요할 때 다시 수소와 질소로 분해해서 사용하면 되니까요.

실제로 우리나라 정부는 수소 시대에 대비하기 위해 호주처럼 자원이 풍부한 나라에서 암모니아를 생산해 수입하는 방안을 검토하고 있습니다. 경제성을 고려하면 수소를 먼 나라로부터의 수입하는 게 거의 불가능하지만, 암모니아로 바꾸면 가능하니까요. 암모니아를 수소로 바꿀 때도 하버-보슈법의 철 촉매를 그대로 사용할 수 있습니다. 촉매는 반응의 저항을 줄여주기 때문에 수소로 암모니아를 만들 때도, 암모니아로부터 수소를 만들 때도 쓸 수 있죠.

사실 수소나 암모니아는 물과 전기만 있으면 되므로 우리나라처럼 자원이 부족한 나라에서도 전력만 있으면 만들 수 있습니다. 그래서 현재는 자원이 매우 중요한 경제 매개체이지만, 미래에는 자원의 중요성이 덜할 수도 있습니다. 대신에 기술이 더욱 중요하죠. 예를 들어 호주는 금속이나 석탄 등 자원이 풍부하기로 유명합니다. 호주로부터 암모니아를 수입한다면 아마 호주에서는 석탄을 이용해 암모니아를 제조할 확률이 상당히 높습니다. 석탄을 그대로 수입해서 사용할 때 에너지를 100이라고 하면, 석탄으로 수소를 만들면 석탄에너지의 35퍼센트밖에 활용하지 못합니다. 천연가스로 수소를 만들어도 약 50퍼센트밖에 사용할 수 없다고 합니다. 그러니까 에너지 효용성을 고려했을 때 좋은 방법은 아닙니다.

그런데 아주 효율이 좋은 태양전지를 값싸게 만들 수 있다면 어떨까요? 태양전지를 이용해 만든 전력으로 쉽게 물을 분해해서 수소를 만들고, 이렇게 만든 수소를 저장하기 위한 암모니아를 간단하게 생산할 수 있다면 태양전지를 지붕으로 하는 커다란 배도 만들 수 있습니다. 거북선 모양으로 만들어 지붕 부분을 모두 태양전지로 덮으면 상징성도 있겠죠. 날이 좋을 때 이 배를 우리나라 근해의 잔잔한 바다로 보내는 겁니다. 그러면 태양전지가 햇빛을 받아서 전력을 생산합니다. 이 전력을 이용해 바닷물을 분해하여 수소를 만들고 공기 중의 질소와 반응시켜 암모니아를 만들 수 있습니다. 암모니아는 배 가운데에 있는 저장탱크에 저장하고요. 저장탱크에 암모니아가 다 채워지면 다시 항구로 가져와 암모니아를 수소로 만든 뒤 연료전지 자동차 등에 충전할 수 있습니다.

이 같은 방법과 기술이 현실화된다면 자원이 없는 나라도 에너지를 자급자족할 수 있습니다. 따라서 앞으로는 효율성 높은 태양전지를 만드는 기술, 전력을 이용해 물을 분해해서 수소를 만드는 기술, 수소와 질소를 반응시켜 암모니아를 만드는 기술이 중요합니다. 우리나라는 이러한 기술 분야에서 앞서 있기 때문에 미래에는 자원을 직접 생산하는 자원 독립 국가가 될 수도 있습니다. 바닷물에 풍부한 수소와 공기 중에 풍부한 질소를 이용해서 말이죠.

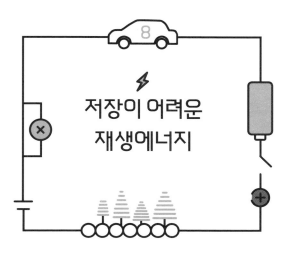

저장이 어려운
재생에너지

　　전기자동차는 과연 친환경일까요? 전기자동차 자체만 고려하면 전기로 충전하고 달리면서 배출가스를 내뿜지 않기 때문에 친환경이라고 할 수 있지만, 전기를 석탄으로 생산하다면 친환경이라고 할 수 없습니다. 석탄으로 전기를 생산할 때는 매연과 이산화탄소가 배출되기 때문이죠. 수소자동차도 마찬가지입니다. 수소를 어떻게 얻느냐에 따라 친환경이 될 수도 있고 아닐 수도 있습니다.

　　석탄이나 천연가스 같은 화석연료를 개질하여 얻은 수소를 그레이수소grey hydrogen라고 하는데, 그레이수소는 친환경이라고 할 수 없습니다. 블루수소blue hydrogen는 화석연료를 개질해서 수소를 얻을 때 이산화탄소를 배출하지 않고 분리하므로 그레이수소보다는 친환경적입니다. 가장 친환경적인 수소는 화석에너지가 아닌 재생에너지로부터 얻은 수소입니다. 재생에너지로부터 얻은 수소를 그린수소^{green hydrogen}라고 하죠. 따라서 전기자동차를 충전할 때 재생에너지로 생산한 전력을 이용하는 것이 가장 친환경적입니다.

재생에너지는 햇빛, 바람, 강물, 온도차, 조류, 파도, 식물 등을 이용하여 햇빛으로부터 직간접적으로 얻은, 계속 사용할 수 있는 에너지를 말합니다. 태양전지로 전력을 생산하는 태양광발전과 바람으로 전력을 생산하는 풍력발전이 대표적이죠. 햇빛으로부터 지구에 도달하는 에너지의 양은 엄청나기 때문에 이론적으로는 20퍼센트의 효율을 갖는 태양전지를 지구 전체 표면의 0.05퍼센트에만 설치해도 인류가 사용하는 에너지를 계속 충당할 수 있습니다.

그렇지만 태양광발전과 풍력발전 같은 재생에너지는 현실적으로 몇 가지 문제점이 있습니다. 우선 재생에너지는 전력이 필요하거나 사용하고 싶을 때 생산하는 것이 아니라 날씨에 맞추어 전력을 생산합니다. 그렇다 보니 원하는 때에 전력을 공급할 수 있는 석탄발전소와 달리 전력의 수요와 공급이 불일치하는 현상이 발생합니다.

태양전지를 가장 먼저 설치하기 시작한 나라는 독일입니다. 2020년을 기준으로 전력 생산에서 재생에너지가 차지하는 비율이 전 세계에서 가장 높은 50퍼센트를 넘었습니다. 독일은 이미 재생에너지로 인한 전력 수요와 공급의 불일치로 여러 가지 문제를 겪었습니다. 재생에너지 비율이 10퍼센트 미만이면 기존의 전력망을 이용해 사용할 수 있습니다. 비율이 작아서 수요와 공급의 불일치 문제가 크게 발생하지 않는 것이죠. 하지만 10퍼센트가 넘어가면 예상치 못한 문제들이 발생하므로 기존의 전력망을 그대로 사용할 수 없습니다.

　　많은 사람이 정전 사고는 전력이 모자라서 일어난다고 생각합니다. 하지만 몇 년 전 독일에서는 햇빛이 너무 좋아 전력 생산량이 전력계통에서 처리할 수 있는 범위를 넘으면서 정전이 일어났습니다. 전력계통이란 전력을 공급, 전송, 사용하기 위해 필요한 모든 전기 설비를 말합니다. 전력계통에서 감당할 수 없을 정도로 일시에 큰 전력이 발생하면 전력계통에 사고나 문제가 생깁니다. 반대의 경우도 있습니다. 2015년 개기일식이 나타나 순간적으로 전력계통에서 14기가와트의 전력이 떨어졌습니다. 개기일식으로 달이 태양을 가리자 태양전지에서 생산하던 전력이 갑자기 멈춰 전력 생산에 차질이 생겼기 때문입니다. 보통 한 가정에서 3킬로와트 정도의 전력을 사용하므로, 약 400만 세대가 사용할 수 있는 전기가 순식간에 사라진 겁니다.

　　한 해 동안 내내 날씨가 맑아 태양전지가 많이 설치된 미국 캘리포니아에서도 비슷한 문제가 발생했습니다. 그래서 태양전지를 많이 설치함에 따라 전력의 수요와 공급이 불일치하는 현상을 캘리포니아 덕커브 Duck Curve 라고 합니다.

　　전력 수요는 보통 사람들이 일어나는 오전 7시부터 증가해 사람들이 저녁을 먹는 오후 8시쯤 정점을 찍고 감소합니다. 그리고 대부분 잠든 새벽 4시에 최저가 되고 다시 증가하는 양상을 보입니다. 원자력과

캘리포니아 덕 커브

화력에 의존하는 기존의 발전 시스템 가운데 특히 원자력발전은 발전량을 조절하기 어려운 방식입니다. 그래서 24시간 연속 발전하는 기저발전을 담당하죠. 주로 석탄과 천연가스를 이용하는 화력발전은 발전량을 조절할 수 있기 때문에 전력 수요에 맞춰 발전합니다. 오후 8시까지는 발전량을 늘려가다가 이후부터 새벽 4시까지 점차적으로 줄이면 되죠.

그런데 태양전지를 많이 설치하면 발전량이 급증하면서 전통적인 전력 수요 예측으로는 전력공급을 맞추기가 매우 어렵습니다. 보통 날씨가 좋으면 새벽 4시보다 오후 1시에 전력 수요가 더 낮아집니다. 그러다가 오후 8시까지 급격히 증가하죠. 적어지는 전력 수요를 맞추는 일도 쉽지 않지만, 오후 5시부터 8시까지 급격히 증가하는 전력 수요를 맞추는 일은 더욱 어렵습니다. 그래서 오리 모양의 그래프에서처럼 정점을 찍는 오후 8시에 오리가 '꽥' 하고 소리를 지른다고 해서 덕 커브라고 합니다. 2012년 캘리포니아에서 처음 발생한 뒤 계속 심해지고 있는 현상입니다.

이 문제를 해결하려면 전력 저장 시스템이 필요합니다. 재생에너지가 생산한 전력을 저장했다가 원하는 때에 쓸 수 있도록 말이죠. 하지만 전력은 저장하기가 쉽지 않습니다. 전력 저장에 가장 많이 쓰이는 것은 전기자동차의 에너지원으로도 쓰이는 리튬이온전지입니다. 리튬이온전지 이전에는 납축전지가 가장 많이 쓰였는데, 부피와 무게가 많이 나가기 때문에 리튬이온전지로 대체되었죠. 그렇지만 리튬이온전지도 문제가 있습니다. 리튬이온전지는 비싼 가격도 문제이지만 대규모로 전력을 저장하려면 부피와 무게도 상당할 텐데, 부피를 줄이려고 배터리를 다닥다닥 붙여놓으면 화재가 발생하기도 합니다. 충전과 방전 중에 발열이 생기기 때문이죠. 이를 해결하기 위해 리튬이온전지의 용량은 늘리고 크기는 줄이는 기술, 안정적이고 경제적인 배터리 전략 저장 시스템을 연구 중입니다.

대안으로 전기자동차 자체를 전력 저장 시스템으로 활용할 수 있습니다. 우리나라는 직장인이 출근할 때 자가용으로 출근하는 비율이 꽤 큽니다. 그런데 많은 직장인이 출근하고 나면 퇴근할 때까지 차를 쓸 일이 거의 없습니다. 낮 시간에는 대부분 주차장에 그대로 서 있죠.

이럴 때 태양광발전 시스템과 전기자동차를 연결하면 충전할 수 있으므로 전력 저장 문제를 조금이나마 해결할 수 있습니다.

　실제로 이런 시스템을 구상하고 현실화하는 기업이 늘고 있습니다. 구글에서는 오래전부터 회사 주차장에 태양광발전 시스템과 전기자동차 충전 시스템을 하나로 만들어 설치했습니다. 전기자동차를 충전하고 싶은 직원은 충전 시스템이 설치된 주차장에 주차하고 충전기만 꽂으면 끝입니다. 따로 주유소를 갈 필요가 없으니 일석이조입니다. 하지만 전력 수요와 공급의 불일치를 해결할 만큼 전기자동차 충전 인프라를 구축하는 일은 쉽지 않죠. 모든 것은 비용 대비 효과를 고려해야 하는데, 현재로서는 수많은 주차장에 전기자동차 충전 시스템을 설치하기 어렵습니다.

　많은 기업과 연구소에서 새로운 전력 저장 시스템을 연구하고 있습니다. 값이 싼 나트륨이온전지, 주유소나 천연가스 저장탱크를 활용할 수 있는 레독스흐름전지, 남는 전력으로 공기를 압축했다가 압축된 공기로 발전하는 압축공기 시스템이 있습니다. 또한 관성모멘트, 즉 물체의 회전운동에 대한 관성이 큰 플라이휠flywheel을 전동기로 회전시켜 운동에너지로 저장하는 플라이휠 시스템 등 다양한 전력 저장 시스템에 대한 연구개발이 진행되고 있죠. 그리고 가장 훌륭한 대안으로 떠오르는 전력 저장 장치가 바로 수소입니다.

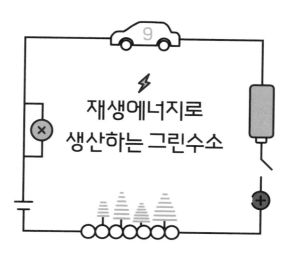

재생에너지로
생산하는 그린수소

앞으로 재생에너지 비율이 증가할수록 대형 전력 저장 시스템의 필요성도 커질 겁니다. 탄소중립이 최대 화두가 되고 있는 지금, 재생에너지 비율이 증가하는 것은 명확하기 때문이죠. 하지만 경제성 있는 대형 전력 저장 시스템을 갖추는 것은 쉽지 않습니다. 전력 저장을 위한 여러 기술이 개발되고 있지만, 그 기술에는 제약도 따르기 때문입니다. 레독스흐름전지 같은 경우 원료가 되는 바나듐의 가격이 비싸 경제성을 갖기 어렵고, 나트륨이온전지는 리튬이온전지에 비해 성능이 많이 떨어집니다.

그런데 직접적으로 전력을 저장할 것이 아니라 저장해야 될 전력으로 그린수소를 생산해서 간접적으로 저장하는 방향으로 생각을 바꾸면 어떨까요? 수소는 오랫동안 관련 기술이 발전해왔기 때문에 재생에너지로부터 가장 쉽게 생산할 수 있는 연료입니다.

전기로 물을 분해하는 역할을 연료전지가 할 수도 있습니다. 수소를 넣으면 전기를 생산하고, 전기를 넣으면 수소를 생산하는 연료전지를 일체형 재생연료전지라고 부릅니다. 연료전지 기능과 물전기분해 기능을 통합한 장치죠. 고분자전해질 연료전지나 고체산화물형 연료전지는 일체형 재생연료전지로 활발히 연구되고 있습니다. 재생에너지 비율이 높아지고 실용화되면 전력 저장의 대안이 될 수 있습니다.

일체형 재생연료전지는 재생에너지를 이용해서 물을 분해하여 수소를 생산한 후 수소탱크에 저장했다가 연료전지로 전력을 생산하는 겁니다. 물론 수소자동차에 충전할 수도 있고, 그냥 연료로 사용할 수도 있습니다. 가정용 난방이나 취사에 쓰이는 천연가스처럼요. 독일 일부 지역에서는 재생에너지로 생산한 전력이 지나치게 많으면 전력으로 물을 분해하여 수소를 생산한 뒤 도시가스망에 5퍼센트 정도 섞어서 가정에 공급합니다. 아직까지는 저장이 까다롭고 수소자동차 등의 보급도 충분하지 않기 때문에 수소를 연료로 사용하는 거죠.

한창 친환경 자동차로의 전환이 이루어지고 있지만 모든 에너지 시스템을 전기로 바꾸는 것은 무리입니다. 전기는 저장도, 먼 거리 전송도 어렵습니다. 충전과 고압선 등의 인프라를 늘리는 것도 쉽지 않고요. 한꺼번에 수십 혹은 수백 대의 전기자동차가 충전하는 경우를 대비하려면 전력계통 시스템을 전부 교체해야 할 수도 있습니다. 현재 전력계통 시스템은 그만큼의 전력을 공급할 수 있는 역량이 부족하기 때문입니다. 그런데 그린수소는 생산하고 저장한 뒤 충전소로 보내면 언제든지 충전소에서 사용할 수 있습니다. 충전소가 지금의 주유소와 비슷한 역할을 하는 거죠.

그린수소를 생산하는 곳은 사람들이 모여 사는 도시가 아니라 황무지나 바다가 될 수도 있습니다. 대규모 태양광발전이나 풍력발전을 할 수 있는 곳으로 황무지나 바다가 적합하기 때문이죠. 원유를 퍼올려 대량으로 정제하는 시스템과 비슷합니다. 동식물이 거의 살지 않는 황무지나 사막 같은 곳에 다량의 태양전지를 설치하여 대규모 태양광발전 시스템을 구축한 다음 바닷물을 분해해 그린수소를 생산하는 겁니다. 이를 그대로 저장탱크에 저장하거나 암모니아로 바꾸어 에너지가 필요한 곳에 공급하면, 지금의 석유 경제 시스템과 비슷한 시스템이 될 수 있습니다. 바다에 풍력발전기를 대량으로 설치하고 전력을 생산할 수도 있죠.

아주 먼 미래의 이야기가 아닙니다. 현재 우리나라를 포함한 많은 국가에서 기후변화에 대처하기 위해 2030~2050년에 추진하려고 계획 중인 일입니다.

탄소 배출 제로,
그린수소의 경제성

그린수소도 단점이 있습니다. 바로 높은 생산 단가입니다. 그린수소가 경제성을 가지려면 그린수소의 에너지원인 재생에너지가 경제성을 가져야 합니다. 다시 말해 태양전지나 풍력발전으로 생산된 전기가 화력발전소에서 생산된 전기보다 생산 비용이 낮아야 합니다.

그럼 현재 재생에너지 산업은 어느 정도 경제성을 갖추었을까요? 우선 태양광발전 산업부터 살펴보겠습니다. 태양광발전 산업은 지난 수십 년 동안 관련 분야의 전문가들도 놀랄 만한 속도로 발전했습니다. 지난 10년 동안 태양광발전 산업의 성장 속도는 연평균 35퍼센트가 넘는데, 제조업 중에 이렇게 빠른 속도로 성장하는 산업은 거의 없습니다. 이러한 기하급수적인 성장은 태양전지의 생산 비용이 줄고 태양전지의 효율을 향상시킨 기술이 발전했으며, 여러 나라에서 재생에너지 보급 정책이 활발하게 진행된 덕택입니다. 특히 기술 발달로 인한 태양전지의 가격 하락이 중요하게 작용했죠. 태양광발전 산업은 20년 전만 해도 많은 나라에서 지원 정책이 없으면 화석에너지와 경쟁할 수 없을 정도로 가격이 비쌌지만, 지금은 정부의 지원 없이도 화석에너지와 경쟁할 수 있을 정도로 수십 년 동안 꾸준히 가격이 낮아졌습니다.

2020년 1와트의 전력을 생산할 수 있는 태양전지가 0.2달러 정도였고, 2022년 3월 기준으로는 0.125달러입니다. 이 정도 가격이면 전 세계 대부분 지역에서 화석에너지 발전보다 싸게 전력을 생산할 수 있습니다. 전력회사에서 전력을 생산하는 비용과 같은 비용으로 태양광으로 전력을 생산하면 그리드 패리티grid parity를 달성했다고 합니다. 그리드 패리티는 기존 전력 생산 비용과 재생에너지 전력 생산 비용이 같아지는 시점을 뜻하죠. 즉 석탄이나 천연가스로 전력을 생산하는 비용과 태양전지를 이용한 태양광발전 시스템으로 전력을 생산하는 비용이 같다는 말입니다.

2022년을 기준으로 그리드 패리티를 달성한 지역은 미국의 캘리포니아를 비롯한 남서부 지역, 멕시코, 남아메리카 대부분 국가, 서유럽 대부분 국가, 남아프리카공화국, 인도, 파키스탄, 중국, 호주, 뉴질랜드, 일본 등 매우 많습니다. 태양전지의 가격이 지속적으로 낮아지는 추세를 감안하면 앞으로도 그리드 패리티를 달성하는 지역이 늘어날 것으로 예상됩니다. 아쉽게도 우리나라는 아직까지 그리드 패리티를 달성하지 못해 정부에서 태양전지를 설치하는 가구에 보조금을 지급하고 있습니다. 그러나 가까운 미래에 우리나라도 그리드 패리티를 달성할 겁니다.

풍력발전은 어떨까요? 설치할 수 있는 지역이 태양전지보다 더 한정된다는 단점은 있지만, 풍력발전도 이미 여러 지역에서 그리드 패리티를 달성했습니다. 풍력발전은 소음 문제 등으로 사람이 사는 지역에서 떨어진 곳에 있어야 하고, 바람이 많이 불어야 합니다. 그래서 풍력발전기를 설치하기 좋은 장소는 사막이나 해안가입니다.

풍력발전기를 대규모로 설치한 대표적 장소가 미국 캘리포니아의 팜스프링스 지역입니다. 팜스프링스는 사막과 산이 만나는 지형으로 1년 내내 바람이 많이 부는 곳입니다. 이 사막 지역에 무려 4,000개 이상의 풍력발전기가 설치되어 있죠. 저도 2016년에 이 지역을 방문한 적이 있는데, 자동차로 한참을 달려도 끝이 보이지 않는 풍력발전기의 규모에 놀랐습니다.

팜스프링스에 설치한 풍력발전기 한 대의 가격은 약 30만 달러 정도며, 한 대는 약 100가구에 전력을 공급할 수 있는 300킬로와트급입니다. 100가구가 모여서 한 대의 풍력발전기를 설치했다고 가정하면, 한 가구당 지불해야 하는 금액은 3,000달러, 우리 돈으로 약 360만 원입니다. 한 가구에서 한 달에 지불하는 전기요금을 5만 원으로 계산하면, 풍력발전기가 고장 없이 잘 작동할 경우 6년 후 설치 비용을 회수할 수 있습니다. 만약 6년 이상 발전할 수 있다면 그 이후에 생산한 전력은 모두 이득이 되는 셈이죠. 풍력발전기는 보통 10년 이상 사용하기 때문에 팜스프링스 지역에서는 충분히 가격 경쟁력이 있습니다.

실제로 최근 전 세계 발전설비에 대한 신규 투자를 주도하고 있는 것은 재생에너지입니다. 국제재생에너지기구IRENA에서 발간한 보고서 《세계 에너지 전환 전망: 1.5도 경로World Energy Transition Outlook: 1.5℃ Pathway》에 따르면, 2020년 전 세계적으로 새롭게 설치된 발전설비 중 신재생에너지 발전설비가 차지하는 비중이 80퍼센트를 넘습니다. 태양광발전과 풍력발전의 그리드 패리티를 달성한 지역에서 관련 발전설비의 설치가 계속해서 증가하고 있습니다. 같은 전력을 더 싸게 생산할 수 있으니까요. 그런데 태양전지의 설치가 계속 증가하면 캘리포니아처럼 전력 불균형이 일어날 확률이 높습니다. 태양전지로 생산된 전력이 전력 수요보다 많아지게 되는 것이죠. 이 경우 남는 전력을 그린수소를 생산하는 데 사용할 수 있습니다.

국제에너지기구IEA의 2019년 6월 보고서 《수소의 미래The future of Hydrogen》에 따르면, 2018년 기준으로 그레이수소는 생산 비용이 1킬로그램당 1.0~2.2달러인데 반해 그린수소는 1킬로그램당 2.1~3.8달러입니다. 하지만 2030년이 되면 그린수소와 그레이수소의 생산 비용이 비슷해져 그린수소 생산 비용이 1킬로그램당 1.4~1.8달러로 낮아진다고 예측했습니다. 더욱이 2050년에는 그린수소의 생산 비용이 1킬로그램당 0.7~0.9달러로 그레이수소나 블루수소의 생산 비용보다 훨씬 저렴해질 것으로 예측했죠. 이렇게 예측한 근거는 지속적인 재생에너지의 원가 절감과 수전해 기술의 발전, 그리고 규모의 경제 확대입니다.

　　태양광발전으로 그린수소를 생산하려면 대규모 평지와 수자원이 필요합니다. 이러한 조건을 충족시키는 나라는 미국, 중국, 인도, 브라질, 사우디아라비아, 캐나다, 호주, 아르헨티나, 칠레 등입니다. 중국, 미국, 인도, 브라질은 그린수소를 대량으로 생산해도 자국 수요가 있기 때문에 수출하지는 않을 것으로 예상하고 있으며, 사우디아라비아를 비롯한 중동의 여러 나라와 캐나다, 호주, 칠레, 아르헨티나 등은 그린수소를 수출할 수 있는 여건이 될 것으로 예상하고 있습니다. 머지않은 미래에 그린수소가 석유처럼 경제의 근간이 되는 자원 중 하나가 되기를 기대해봅니다.

11

친환경 에너지가
만드는
탄소중립의 미래

최근 기후변화와 탄소중립과 관련된 기사가 계속 나오고 있습니다. 더욱이 평균기온이 점점 오르면서 사람들은 기후변화를 실감하고, 이로 인해 이산화탄소를 배출하지 않는 친환경 에너지에 대한 관심이 그 어느 때보다 높습니다. 기업들은 자발적으로 RE100 캠페인에 동참해 자사에서 소비하는 전력의 100퍼센트를 재생에너지로 충당하려고 노력하고 있습니다.

현재 우리나라를 비롯한 전 세계 많은 나라의 에너지 소비 패턴은 다소비 저효율 구조입니다. 많은 에너지를 사용하고 있지만 효율이 좋지 않아 지구온난화를 가속시키고 있죠. 엔진자동차는 에너지의 35퍼센트만을 달리는 데 이용하고, 나머지 65퍼센트는 열로 방출합니다. 건물에서도 조명과 냉난방에 들어가는 에너지가 효율적으로 사용되지 못하고 있습니다. 사람이 없어도 조명이 켜져 있으며, 조명으로 사용된 에너지는 결국 모두 열로 변환됩니다. 그러면 실내 온도가 올라가니 냉방기를 사용하게 되고, 이는 또다시 더 많은 열을 방출하는 결과를 낳게 되죠.

　　기후변화에 대응하고 탄소중립 사회를 구현하려면 이러한 악순환 구조를 끊고, 친환경 에너지가 활성화되는 선순환 구조를 만들어야 합니다. 다행히도 재생에너지 기술은 끊임없이 발전하여 생산 비용이 계속 낮아지고 있습니다. 더불어 재생에너지와 상호 보완적 성격이 있는 친환경 자동차의 보급도 계속 증가하고 있죠. 전기자동차와 수소자동차가 엔진자동차에 비해 에너지 효율이 굉장히 높고, 전기자동차가 수소자동차보다 에너지 효율이 좋습니다. 그럼에도 수소자동차는 수소자동차 나름의 장점이 있기 때문에 어느 하나가 시장을 점유하기보다는 서로 보완하는 관계로 발전할 가능성이 매우 높습니다. 그 중심에는 그린수소가 있죠. 그린수소는 에너지 자원이 턱없이 부족하여 대부분의 자원을 수입하고 있는 우리나라에서 에너지 자립을 가능하게 해줄 수도 있는 매우 중요한 자원입니다.

　　미래 그린수소의 활성화를 위해서는 기술개발을 통한 경제성 확보가 가장 중요합니다. 좋은 기술을 개발하여 낮은 가격으로 그린수소를 생산할 수 있어야 하죠. 그러려면 반드시 재생에너지 기술 향상이 필요합니다. 태양전지와 풍력발전기의 효율과 수명이 향상되고, 고효율 태양전지를 낮은 가격으로 쉽게 만들 수 있어야 합니다. 여러 가지 태양전지가 개발되고 있지만, 그중에서도 페로브스카이트 태양전지는 우리나라의 연구기관들이 세계 최고 효율을 달성하고 있는 기술입니다. 다른 태양전지와는 달리 스크린 프린팅이나 잉크젯 같은 방식으로 태양전지를 생산하는 용액공정으로 제조하기 때문에 장비 가격이 낮아져 생산 비용도 낮아질 가능성도 열려 있고요. 실리콘태양전지와 페로브스카이트 태양전지를 합친 탠덤태양전지 등의 기술개발이 이뤄져 지금보다 높은 효율을 달성하면 건물이나 자동차를 포함하여 더욱 많은 곳에 태양전지를 설치할 수 있을 겁니다.

풍력발전기의 블레이드 기술도 중요합니다. 블레이드는 바람에너지를 회전운동에너지로 변환하는 날개 모양의 장치입니다. 더 가볍고 더 단단한 블레이드를 낮은 가격으로 제조할 수 있는 기술이 개발되면 풍력발전의 효율과 내구성을 향상시킬 수 있습니다. 풍력발전기는 매우 높은 곳에 작게는 수십 미터에서 크게는 100미터가 넘는 길이의 블레이드를 설치하기 때문에 안정적으로 오랫동안 작동하는 것이 중요합니다. 풍력발전기는 워낙 거대한 장치이다 보니 한 번 고장이 나면 수리 비용도 만만치 않으니까요.

재생에너지를 잘 사용할 수 있는 기술도 함께 개발해야 합니다. 예를 들어 에너지자원 지도를 구축하는 일이 있습니다. 우리나라 국토 곳곳에 햇빛이 1년 동안 얼마나 비추는지, 바람은 어느 정도 세기로 얼마나 부는지 등을 일일이 측정해서 지도로 만드는 일이죠. 그러면 태양전지를 설치하기 전에 얼마만큼의 전력을 생산할 수 있는지 미리 가늠할 수 있고, 더 많은 전력을 생산할 수 있는 장소를 물색할 수 있습니다. 풍력발전기도 바람이 어느 정도 세기로 얼마나 부는지 알아야 경제성이 있는지 없는지 파악할 수 있죠. 최근 해상풍력이 많은 관심을 받고 있습니다. 육지와 가까운 바다에 풍력발전기를 설치하면 사람이 살지 않기 때문에 소음이나 미관상의 문제로부터 자유롭고, 바다는 바람도 많이 불기 때문에 많은 전력을 생산할 수 있는 장점이 있습니다.

하지만 설치 비용이 문제입니다. 육지와 달리 바다에 설치하려면 바닷속에 튼튼한 구조물을 설치해야 하니까요. 이 문제를 해결하기 위해 최근에는 바다에 띄우는 형태의 풍력발전기를 구상하고 있습니다. 부유식 풍력발전은 부유체에 풍력발전기를 설치해서 바다에 띄우고, 닻을 이용하여 바다에 고정시키는 방식입니다. 해상풍력은 바다 수심이 깊으면 바람이 많이 부는 지역임에도 비싸서 설치하기 어려운데, 부유식 풍력발전기는 그런 제약으로부터 훨씬 자유롭습니다.

우리나라는 오래전부터 자원에 대한 갈망이 있습니다. 국내에서 생산되는 자원이 매우 적어 대부분을 수입해야 하는데, 국제 정세와 환경에 따라 가격이 지나치게 오르는 경우도 있고, 수입이 어려워지는 경우도 있기 때문입니다. 그래서 한동안 동해나 남해에서 유전을 찾아보기도 했고, 자원외교를 통해서 안정적으로 자원을 확보하려고 노력했습니다. 결코 쉽지 않을 뿐만 아니라 한계도 많습니다. 다각도로 고민하면서 대안을 찾아야 할 때입니다.

우리나라에는 섬이 3,848개나 있습니다. 세계 4위에 해당할 만큼 많죠. 게다가 섬에 거주하는 인구는 꾸준히 감소해 유인도는 고작 472개이며 나머지는 전부 무인도입니다. 이 수많은 무인도에 태양전지를 설치하고, 인근 해상에 풍력발전기를 설치해서 그린수소를 생산하면 어떨까요? 그린수소는 기술로 자원을 만드는 획기적인 일입니다. 기술이 발전해서 그린수소 관련 산업이 경제성을 갖게 되면 충분히 가능한 일이죠. 그러면 오랫동안 숙원사업이었던 에너지 자원을 확보할 수 있고, 우리나라의 경제가 외부 환경에도 덜 영향받지 않을까요? 물론 기후변화에도 대처하고 탄소중립도 실현하면서 말이죠.

이제는 자원보다 기술이다

인공지능을 기반으로 하는 4차 산업혁명이 시작되었습니다. 4차 산업혁명은 기존의 산업혁명과 그 성격이 매우 다릅니다. 기존의 산업 혁명은 석탄을 사용하는 증기기관, 엔진을 사용하는 자동차, 전기를 대량생산하는 산업 시스템이 기반이 되었습니다. 그러니까 인간의 육체노동을 대신하는 성격이 강했습니다. 인간이 손으로 제조하던 것을 기계가 제조하고, 사람이 걷거나 말이 운반하던 것을 자동차가 운반하게 되었죠.

이에 따라 인간은 일정 부분 육체노동으로부터 해방되었습니다. 육체노동이 줄어들자 삶의 질은 크게 향상되었습니다. 이러한 산업혁명을 떠받드는 기본 개념은 규모의 경제입니다. 규모를 크게 해야 이윤이 나고 산업이 활성화되는 구조였죠. 방직공장에서 천을 대량으로 생산하고, 천을 이용해서 옷이나 생활용품을 대량으로 생산했듯이 말입니다. 자동차도 공장에서 컨베이어 벨트로 대량생산해야 경쟁력이 있고, 원유를 정제하는 과정도 마찬가지였습니다. 대량생산을 하지 않으면 이윤을 얻기 힘든 구조였으니까요. 그래서 많은 산업 분야 가운데 특히 중화학공업이 발달합니다.

중화학공업이 발달하면서 원유를 기반으로 한 자원 중심 경제체제가 만들어졌습니다. 사람들이 모여 거대도시를 이루고 거대도시끼리 연결하여 세계화를 구축한 다음 모든 것을 돈으로 환산하는 금융화가 진행되었습니다. 경제 규모의 팽창은 인류의 발달에 크게 기여했지만 부작용도 만만치 않았습니다. 규모의 경제가 가진 가장 큰 폐해는 과잉생산입니다. 더불어 사람들에게 필요하지도 않은 소비를 습관처럼 부추기죠.

그렇다 보니 사람들은 더 많이 일하고, 더 많이 소비해야 경제 규모가 유지되는 상황이 되었습니다. 또한 경제활동으로 환경오염이 발생하고 기후변화가 일어났으며, 전염병을 일으키는 바이러스가 창궐하고 있습니다. 오존층이 파괴되고 지구 전체의 기온이 지속적으로 상승하고 있고요. 이로 인해 해수면이 상승하여 몇몇 나라는 지구상에서 사라질 위기에 처했습니다.

4차 산업혁명은 인간의 육체노동보다는 정신노동을 대체하는 성격이 강합니다. 비효율적으로 규모만 키우던 인류의 경제활동을 더욱 효율적으로 할 수 있게 도와줍니다. 자동차가 지도를 보여주며 실시간으로 여러 도로 사정을 고려하여 가장 효과적으로 원하는 목적지에 갈 수 있는 방안을 제시하고, 교통사고를 미연에 방지하며 자율주행을 통해 탑승자를 원하는 곳에 데려다줍니다. 건물 스스로 사람이 있으면 적절하게 조명을 비추다가 사람이 없으면 조명을 끄고 냉난방을 줄여 에너지 소비를 줄입니다.

4차 산업혁명은 무엇보다 인류가 친환경 에너지로 전환할 수 있도록 도와줍니다. 친환경 에너지도 기존의 석탄이나 석유에너지와는 성격이 매우 다릅니다. 석탄이나 석유처럼 한곳에서 대량생산을 할 수 없으니까요. 햇빛이 있어야 발전하는 태양전지는 지구 표면에 넓게 설치해야 하고, 풍력발전기는 바람이 잘 부는 곳에 띄엄띄엄 설치해야 합니다. 지구 곳곳에서 소규모로 생산해야 하기 때문에 이런 시스템을 분산발전이라고 합니다.

분산발전 시스템은 원하는 때에 원하는 곳에서 발전할 수 없고, 자연조건에 따라 발전한다는 특징이 있습니다. 따라서 전력을 저장하고 효율적으로 사용하기 위한 시스템이 필요한데, 바로 인공지능이 그 역할을 할 수 있습니다.

이 책에서 다루는 친환경 자동차인 전기자동차와 수소자동차는 전력 저장체가 될 수 있습니다. 아침에 출근해서 주차장에 차를 세워두면 낮 동안 주차장 지붕에 설치된 태양전지에서 전력을 생산해서 전기자동차를 충전할 수 있습니다. 전력으로 물을 분해해 수소를 생산해서 수소자동차에 저장할 수도 있죠. 친환경 에너지와 친환경 자동차의 조화가 아주 좋은 이유입니다. 그리고 이러한 일들을 효율적으로 수행해 줄 수 있는 인공지능이 발달한다면 친환경 자동차 산업은 날개 돋친 듯 성장할 수 있습니다.

친환경 에너지로의 전환은 반드시 해야만 하는 과제입니다. 더 이상 해결을 미룰 수도 없는 절박한 위기가 닥쳐오고 있으니까요. 먼저 엔진자동차를 전기자동차나 수소자동차로 바꾸고, 친환경 자동차에 걸맞은 친환경 에너지 시스템으로 전환해야 합니다. 태양광발전과 풍력발전 시설을 지금보다 대규모로 설치하고 효율적으로 관리해야 합니다. 재생에너지는 탄소중립적이기 때문에 기후변화를 일으키지 않지만, 생산 비용이 화석에너지에 비해서 높기 때문에 효율적으로 사용할 정책도 필요하고요.

이 모든 방법을 통해 결국은 규모의 경제에서 효율의 경제로 넘어가야 합니다. 효율의 경제가 되면 기존에 규모의 경제에서 발생한 많은 문제를 해결할 수 있습니다. 물론 효율의 경제가 되면 새로운 문제점이 생길 수도 있겠죠. 하지만 새로운 문제는 또 다른 방법으로 해결할 수 있을 것입니다.

효율의 경제에서는 자원보다 기술이 중요합니다. 기존 경제를 이끌던 석유의 중요성이 점점 약해지고, 대신에 태양전지 기술, 풍력발전 기술, 전기자동차 생산기술, 배터리 기술, 연료전지 기술, 수소 생산기술 등이 자원을 대체할 것입니다. 기술이 발달한 우리나라에는 더없이 좋은 기회가 아닐 수 없습니다.

　　아무쪼록 인류가 여러 가지 문제점을 극복하고 친환경 자동차로의 전환과 친환경 에너지로의 전환에 성공하여 함께 성장할 수 있기를 기대합니다.

지구의 미래를 구할 그린수소와 친환경 자동차

환경은 걱정되지만
뭘 해야 할지 모르는 사람들을 위한
과학과 기술

1판 1쇄 발행 | 2022년 12월 28일
1판 3쇄 발행 | 2024년 11월 11일

지은이 | 한치환
펴낸이 | 박남주
편집자 | 박지연
펴낸곳 | 플루토
출판등록 | 2014년 9월 11일 제2014-61호
주소 | 07803 서울특별시 강서구 마곡동 797 에이스타워마곡 1204호
전화 | 070-4234-5134
팩스 | 0303-3441-5134
전자우편 | theplutobooker@gmail.com

ISBN 979-11-88569-41-0 03500